口絵1　トヨタ・ハリヤーハイブリッド
トヨタ自動車が日本で最初に発売したハイブリッド方式の4WDのSUV車．V6 3,310 ccのガソリンエンジン（最高出力211 ps），フロントモータ（最高出力167 ps）およびE-Four専用のリアモータ（最高出力167 ps）を搭載している．
（写真提供：トヨタ自動車株式会社）

口絵2　ホンダ・インサイト
本田技研工業のハイブリッドシステム［INS］は，1,300 ccのVTECエンジン（最高出力88 ps）のクランク軸にモータ（最高出力14 ps）を直結したシリーズタイプである．主動力はエンジンが担当し，発進時や加速時など燃焼効率の悪い部分をモータがアシストする．　　（写真提供：本田技研工業株式会社）

口絵 3　JR 九州新幹線 800 系電車

新幹線 800 系電車は JR 九州の新幹線車両であり，基本的構造は 700 系と変わらないが，先頭構造や内装などは変更されている．日立製作所（ただし台車は川崎重工業）により製作され，IGBT を用いた VVVF インバータにより 275 kW の三相かご形誘導電動機を駆動している．　　　　　　（写真提供：九州旅客鉄道株式会社）

口絵 4　福岡市交通局 3000 系電車

福岡市交通局地下鉄七隈線の車両として 2005 年 2 月に運行を開始した．日立製作所により製造され，VVVF インバータ制御により鉄輪式三相リニア誘導電動機を駆動している．　　　　　　（写真提供：福岡市交通局）

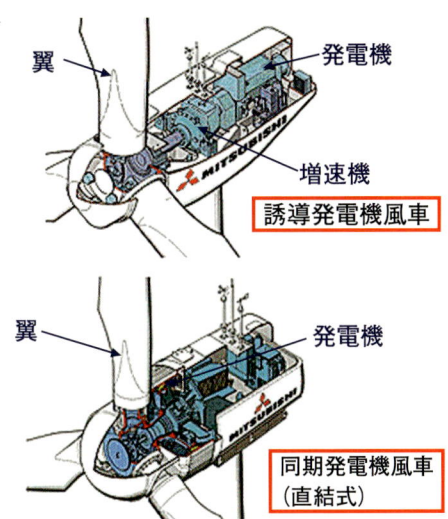

口絵 5 大型風力発電システム

風力発電システム（風車）は上空を吹く風を巨大な翼（ロータ）で捕まえて，風のエネルギーの約 40 % を電力として取り出す発電設備である．定格出力が約 2000 kW で直径約 100 m のロータが，風の強弱に合った速度で回転する，可変速運転の大型風車が現在の主流になっている．回転部の構造と発電機形式の異なる二次巻線誘導風車（約 8 割）とギアレス同期風車（約 2 割）の 2 つのタイプがある．前者は，ロータの回転（約 20 RPM）を歯車式増速機で約 100 倍に速めてから，4 極（まれに 6 極）の誘導発電機で発電し，定格の約 30 % 容量の電力変換装置（インバータ／コンバータ）と組み合わせることで可変速運転に対応している．後者は，ロータと直結した大直径の数十極の多極同期発電機で発電し，発電電力を定格容量の電力変換装置で AC–DC–AC 変換して送電する方式である．増速機がない（ギアレス）ので構造が簡素になるが，発電機重量は重くなる．　　　（写真・図提供：三菱重工業株式会社）

口絵 6 直流送電／周波数変換システム

長距離のため交流では直結できない系統間の連系や，50 Hz と 60 Hz の電力系統間を連系するための周波数変換システムとして AC–DC–AC リンクが用いられる．写真は東芝・社会インフラシステム社製の紀伊水道直流送電システムであり，光サイリスタバルブを用い DC ± 250 kV–2,800 A–700 MW の直流送電を行う．
　　　　　　　　　　　　　　　　　　　　　　（写真提供：東芝・社会インフラシステム社）

口絵7　中山製鋼所・調質圧延機（skin pass mill）

鋼板（特に冷延鋼板）は冷間加工によって靱性が減少し強度が増大する性質があり，使用に適するよう材質を調整し靱性を増す必要がある．鋼板を焼鈍し内部応力を除去したのち，結晶粒子を細かくするために行われる軽い冷間圧延を調質圧延という．本装置では，重負荷で低速連続運転と回生動作が要求されるドライバ装置として 3,300 V，3,000 kVA の安川電機製マトリックスコンバータが採用されている．
（写真提供：株式会社中山製鋼所，株式会社安川電機）

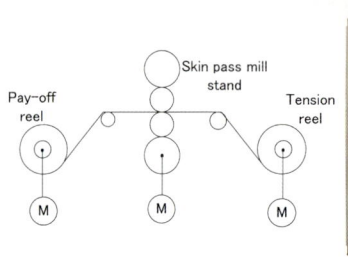

Skin pass mill 構成図

安川電機・MC ドライバ

口絵8　ソディック・ナノマシニングセンタ

小型部品をナノレベルの精度で加工する立形マシニングセンタ．X-Y 軸には，カウンター軸を加工軸と逆位相で駆動し高加速度駆動時のエネルギーを相殺するツインリニアモータを搭載し，リニアスケール最小分解能 3 nm の高精度・高応答駆動を実現している．
（写真提供：株式会社ソディック）

最新
パワーエレクトロニクス
入門

小山　純
伊藤良三
花本剛士
山田洋明

［著］

朝倉書店

まえがき

　旧版の『パワーエレクトロニクス入門』は1999年12月に刊行された．当時の入門書の多くは，電力用半導体としてサイリスタを意識し，位相制御の説明に多くを費やしていた．しかしパワーエレクトロニクス技術の基本は，電力用半導体スイッチを高速にPWM制御することによる，電力の変換と制御である．そこで初版本では，当時広く用いられ始めていたIGBTのPWM制御によるDC-DC変換装置をまず取り上げ，PWM制御技術をわかりやすく説明し，さらにその技術が各種パワーエレクトロニクス装置にどのように活用されているかを平易に解説した．

　しかしながら旧版刊行以来，十数年が経過しており，急速に進歩している最新の半導体技術や高速変換技術などの解説が不足し，ダイナミックに発展しているパワーエレクトロニクス技術の全体像を示すには不十分となってきた．

　そこで今回，関係者が集まり『最新 パワーエレクトロニクス入門』の刊行を企画した．本書では

(1)　故 野中作太郎先生の遺志を受け継ぎ旧版の刊行趣旨を継承するとともに，新しい技術を精選・追加する

(2)　書籍巻頭に，最新のパワーエレクトロニクス技術を活用した装置のカラー写真を掲載する

(3)　演習問題を精選するとともに詳細な解答例をホームページで提供する

(4)　ホームページで例題などのシミュレーションプログラムを提供し，パラメータの変化などによる波形の変化を実感できるようにする

など，読みやすくかつ理解が深まるように様々な工夫をしたつもりである．

　本書が高等専門学校生や大学学部学生を対象とした教科書としてだけでなく，現場技術者の自習書としてもお役に立てれば非常に幸いである．

　最後に，第2章の図面作成に協力いただいた石坂耕一氏（福岡大学工学部電気工学科）に紙面を借りて感謝の意を表する．

　2012年1月

著者代表　小山　純

目　次

1. 電力用半導体素子 …………………………………………… 1
   1.1 各種電力用半導体素子 …………………………………… 1
      1.1.1 ダイオード ………………………………………… 1
      1.1.2 パワートランジスタ ……………………………… 3
      1.1.3 MOSFET・IGBT …………………………………… 4
      1.1.4 サイリスタ，GTO サイリスタ …………………… 9
      1.1.5 各種電力用半導体素子の開発動向 ……………… 14
   1.2 電力用半導体素子の損失 ………………………………… 15
      1.2.1 電力用半導体素子の電力損失 …………………… 15
      1.2.2 スナバ回路 ………………………………………… 17
      1.2.3 ソフトスイッチング ……………………………… 18

2. DC–DC 変換装置 ……………………………………………… 20
   2.1 PWM 技術 ………………………………………………… 20
   2.2 バックコンバータ ………………………………………… 23
   2.3 ブーストコンバータ ……………………………………… 27
   2.4 バックブーストコンバータ ……………………………… 31
   2.5 その他の DC–DC コンバータ …………………………… 35
   2.6 共振スイッチコンバータ ………………………………… 38
      2.6.1 ZCS 共振スイッチコンバータ …………………… 38
      2.6.2 ZVS 共振スイッチコンバータ …………………… 42
      演 習 問 題 ……………………………………………… 47

3. DC–AC 変換装置 ……………………………………………… 51
   3.1 インバータ動作の条件 …………………………………… 51
   3.2 電圧形インバータ ………………………………………… 52

目次

- 3.2.1 インバータ回路とその動作 ……………………………… 52
- 3.2.2 交流電圧波形の制御 ……………………………………… 55
- 3.3 電流形インバータ …………………………………………… 62
  - 3.3.1 インバータ回路とその動作 ……………………………… 62
  - 3.3.2 交流電流波形の制御 ……………………………………… 66
- 3.4 三相インバータ ……………………………………………… 67
  - 3.4.1 電圧形インバータ ………………………………………… 67
  - 3.4.2 電流形インバータ ………………………………………… 71
- 3.5 ひずみ波交流の電力 ………………………………………… 71
- 演習問題 ………………………………………………………… 75

4. AC-DC 変換装置 …………………………………………… 79

- 4.1 整流回路 ……………………………………………………… 79
  - 4.1.1 単相全波整流回路 ………………………………………… 79
  - 4.1.2 三相全波整流回路 ………………………………………… 84
- 4.2 位相制御回路 ………………………………………………… 86
  - 4.2.1 単相全波位相制御回路 …………………………………… 86
  - 4.2.2 三相全波位相制御回路 …………………………………… 88
  - 4.2.3 交流電源と変換器動作 …………………………………… 91
  - 4.2.4 重なり角 …………………………………………………… 93
- 4.3 PWM コンバータ …………………………………………… 95
  - 4.3.1 単相 PWM コンバータ …………………………………… 95
  - 4.3.2 三相 PWM コンバータ …………………………………… 95
- 演習問題 ………………………………………………………… 96

5. AC-AC 変換装置 …………………………………………… 103

- 5.1 交流電力調整回路 …………………………………………… 103
  - 5.1.1 単相交流電力調整回路 …………………………………… 103
  - 5.1.2 三相交流電力調整回路 …………………………………… 105
- 5.2 整流装置-インバータシステム ……………………………… 106

5.3　マトリックスコンバータ ……………………………………… 106
　　　演 習 問 題 ……………………………………………………… 110

6. パワーエレクトロニクスの応用 ……………………………… 114
  6.1　チョッパによる直流電動機の駆動 …………………………… 114
  6.2　インバータによる交流電動機の駆動 ………………………… 116
　　6.2.1　誘導電動機の駆動 ………………………………………… 117
　　6.2.2　同期電動機の駆動 ………………………………………… 119
  6.3　電力系統への応用 ……………………………………………… 121
　　6.3.1　直流連系設備 ……………………………………………… 121
　　6.3.2　次世代電力網 ……………………………………………… 122
　　　演 習 問 題 ……………………………………………………… 124

7. 付　　　録 …………………………………………………………… 128
  付録1：数式を使いこなすために …………………………………… 128
  付録2：パワーエレクトロニクスの理解を深めるために ………… 135

索　　　引 ……………………………………………………………… 137

1 電力用半導体素子

電力用半導体素子はパワーエレクトロニクス技術の基本となる回路素子である．パワーエレクトロニクス技術は，1957年のGE社によるサイリスタの発明に始まり，電力用半導体スイッチの進歩とともに発展してきた．現在広く用いられる電力用半導体素子には，ダイオード（シリコン整流器），パワートランジスタ，MOSFET，IGBT，サイリスタ，GTOサイリスタ，GCTサイリスタなどがある．パワートランジスタやMOSFETは，電子回路や通信機器に用いられている小容量の同種の半導体素子と動作原理は同じであるが，スイッチングモードで動作し，大容量（高電圧，大電流）の電力用スイッチとして構造上も工夫がこらされている．

本章では，まずこれらの電力用半導体素子について概説し，それぞれの素子の特徴を明らかにする．次にこれらの半導体素子を利用するうえで重要な，損失の発生とスナバ回路について述べ，さらに最近研究が行われているソフトスイッチングについても触れる．

1.1 各種電力用半導体素子

1.1.1 ダイオード

(1) 基本構造

ダイオード（diode）は，図1.1に示すようにpn接合1個を持ち，アノードAからカソードKの1方向のみに電流を流す半導体素子である．電力用ダイオードとしては，半導体材料にシリコンを用いたシリコン整流ダイオードが用いられる．商用周波数や1 kHz以下の周波数の交流の整流に用いられる**一般整流用**と，DC-DC変換装置やDC-AC変換装置に用いら

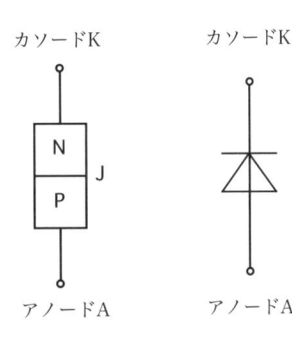

(a) 基本構造　(b) 図記号

図1.1 ダイオード

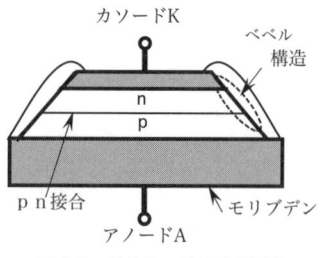

図1.2 ダイオードの基本構造

れる**高速スイッチング用**がある.

図 1.2 に電力用シリコン整流ダイオードの一般的な構造を示す.必要な厚みと所定の抵抗率を持つ n 形シリコンウェーハ中にボロン,アルミニウム,ガリウムなどの 3 価の元素を熱拡散することにより,pn 接合が形成される.120〜150 mm の大口径シリコンウェーハの開発により,シリコン整流ダイオードの大電流化が可能となった.また,接合表面に電界が集中し表面電界が内部電界より大きくなるのを避けるため,端面に大きな傾斜をつける**ベベル構造**が採用され高耐圧化が進んだ.2010 年現在,一般整流用として[電圧容量 5,000 V,電流容量 5,000 A]の素子が,高速スイッチング用として[電圧容量 6,000 V,電流容量 1,700 A]の素子が市販されている.

(2) 定常特性

図 1.3,図 1.4 にシリコン整流ダイオードの一般的な定常特性を示す.1 V 以下の順電圧ではほとんど電流は流れないが,1 V を超えると急速に電流が流れ,ほとんど導体とみなすことができる.一方,逆バイアス領域ではわずかに漏れ電流が流れる程度であるが,逆電圧がある値 V_R に達すると急に逆電流が増大し,素子は破壊にいたる.この電圧を**逆降伏電圧**(reverse breakdown voltage)と呼ぶ.なお,シリコン整流ダイオードの定格値として**ピーク繰り返し逆電圧**や**ピーク非繰り返し逆電圧**が V_R よりやや小さい値に定められている.

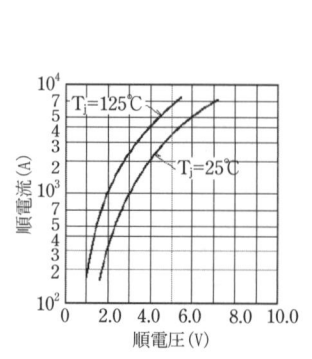

図1.3 順電圧方向特性 (6,000 V, 1,700 A)

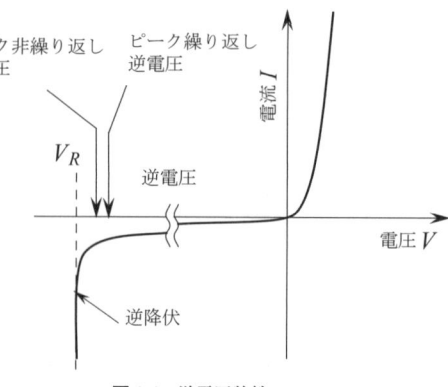

図1.4 逆電圧特性

(3) ターンオフ特性

オン状態にあるダイオードに逆電圧を加えると，キャリアが再結合し，**空乏層**（depletion region）が形成されるのに時間がかかるため，図 1.5 に示すように一時的に大きな逆電流が流れる．この逆電流が流れる期間を**逆回復**

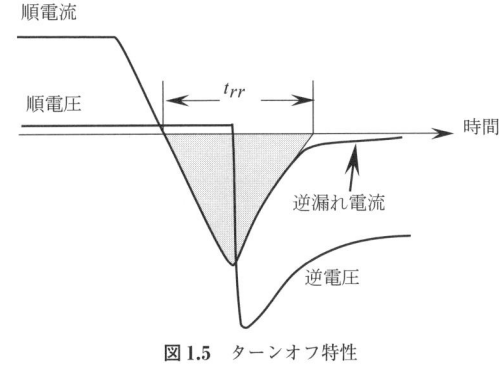

図 1.5 ターンオフ特性

時間（reverse recovery time）t_{rr} と呼ぶ．高速用ダイオードでは，金や白金などの重金属拡散や放射線照射などで再結合時間を短縮することにより逆回復時間の短縮が図られている．

空乏層が形成されはじめると，素子の伝導率は急激に減少する．そのため逆電流は急激に減少するが，回路のインダクタンス L のために，大きな逆電圧 $L(di/dt)$ が素子に加わることがある．

1.1.2 パワートランジスタ

図 1.6 にパワートランジスタ（power transistor）の基本構造を示す．直流電流増幅率が高くスイッチング時間が短い，大容量（高電圧，大電流）のパワートランジスタを実現するために，以下に示すような数々の構造上の工夫がなされた．

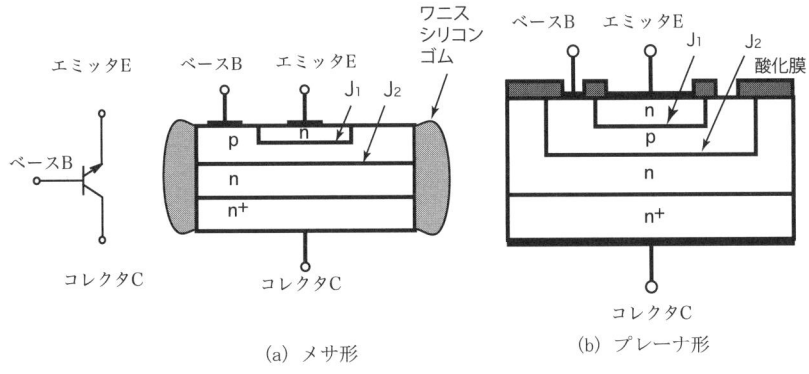

図 1.6 パワートランジスタの基本構造

① 高抵抗基板 n の裏側にコレクタ部となる n^+ 層を拡散し，表からベースとなる p 層とエミッタ部の n 層を拡散することによって，図 1.6 に示すような $npnn^+$ 構造を形成し，スイッチング速度や電流増幅率の低下をもたらすことなく高耐圧化を図った．

② LSI やメモリの製造過程で開発された高精度のパターン製造技術を導入し，大口径のシリコンウエーハ基板上に細かいパターンのベース (p 層) とエミッタ (n 層) を形成し，スイッチング時間が短い多数の小電流トランジスタが並列接続された構造を実現することによって，高速大電流化を図った．

③ オン状態でのコレクタ-エミッタ間電圧 V_{CE} すなわちオン電圧を小さくするためには，比較的大きなベース電流を流す必要がある．高耐圧，大電流用パワートランジスタを実現するためには，図 1.7 に示すような 2 段あるいは 3 段の前段トランジスタを設けたダーリントン構造が必要になる．

パワートランジスタは，ベース電流を流すことによってコレクタ電流を制御する電流駆動型であり，取り扱う電力が大きくなると駆動回路が大型化するという欠点がある．また高耐圧化にも限界があるため，現在では，よりスイッチング速度が速く損失が少ない電圧駆動型の MOSFET や IGBT に置き替わってしまった．

1.1.3 MOSFET・IGBT

本項では，まず **MOSFET** の原理について簡単に説明する．さらに IGBT の構造および動作原理を MOSFET と比較して説明するとともに，その特性につ

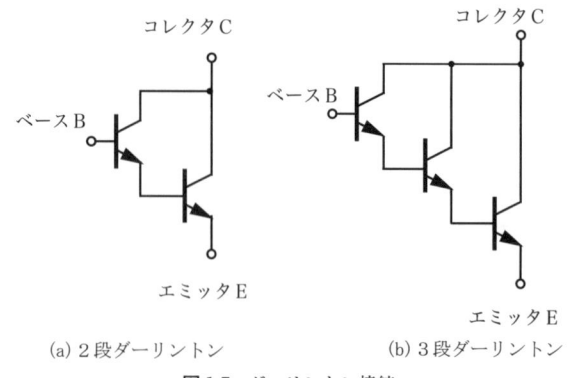

(a) 2 段ダーリントン　　　　(b) 3 段ダーリントン

図 1.7　ダーリントン接続

いて述べる．

(1) MOSFET の構造と原理

図 1.8 に縦型構造の MOSFET の基本構造を示す．MOSFET は metal oxide semiconductor field effect transistor の頭文字を取って名づけられたもので，ゲート構造が MOS（金属 metal‐酸化膜 oxide‐半導体 semiconductor）構造となっている．ゲートに正の電圧を加えると，ゲー

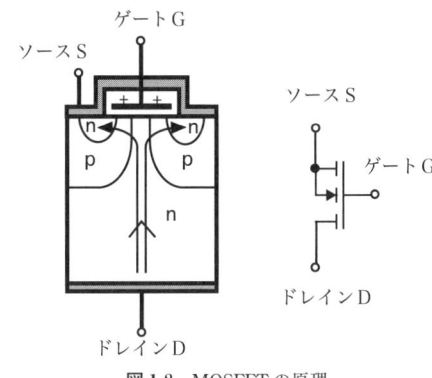

図 1.8　MOSFET の原理

ト真下のシリコン表面に電圧に比例した負の電荷（電子）が表れ，シリコン表面が p 形から n 形に反転する．すなわちソースの n 形とドレインの n 形が，反転した n 形によって短絡された形となり，ドレイン‐ソース間に電圧を加えるとドレイン電流が流れる．この電流が流れる反転部分を**チャンネル**（channel）と呼んでいる．MOSFET はゲートに正電圧を加えると導通し，負（または 0）の電圧を加えると遮断する電圧駆動形であり，駆動電力が小さいという特長がある．また，多数キャリアを用いる素子であり，少数キャリアを用いたパワートランジスタに比べて，高速スイッチングが可能である．その半面チャンネルに電流が集中するためオン電圧が大きくなり，大容量化が難しいという問題がある．

(2) IGBT の構造と原理

IGBT（Insulated Gate Bipolar Transistor）は 1982 年にアメリカの GE 社が開発したスイッチング素子であり，その後の高速化・低損失化・大容量化を目指した研究開発の結果，現在ではパワートランジスタに替わってスイッチング素子の主役として広く用いられている．

IGBT は絶縁ゲート形のバイポーラトランジスタであり，MOSFET とパワートランジスタを 1 チップの素子上に組み込んだ構造をしている．図 1.9 に IGBT の基本構造を，図 1.10 にその等価回路を示す．IGBT は，図 1.8 に示した MOSFET のドレイン側に p 形のエミッタを付け加えた構造となっている．

ゲートに正の電圧を加えると，MOSFET と同様にチャンネルが形成され，n

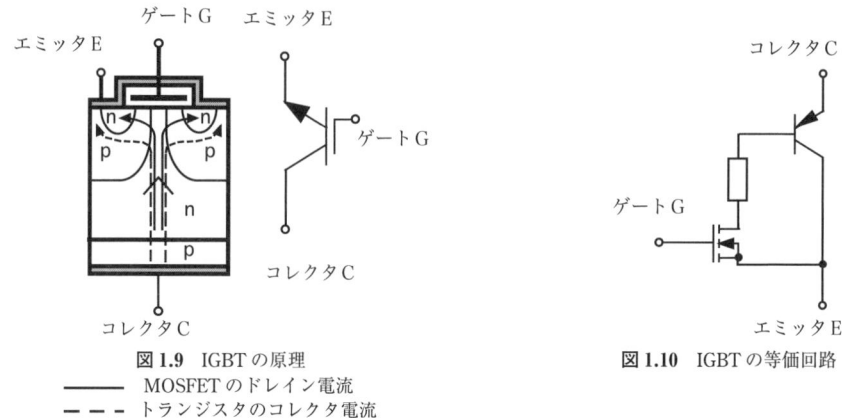

図 1.9 IGBT の原理
―――― MOSFET のドレイン電流
― ― ― トランジスタのコレクタ電流

図 1.10 IGBT の等価回路

層に電子が流入する．このn層はpnpトランジスタのベースに相当するため，p層のエミッタからは正孔が注入され，トランジスタ効果によってエミッタ－コレクタ間は導通し，大きな電流が流れる．

(3) IGBTの出力特性

図 1.11 に［3,300 V, 1,500 A］の IGBT の外観図を，また図 1.12 に出力特性を示す．IGBT は，トランジスタと同様ほぼ定電流特性を示すが，トランジスタがベース電流で制御されるのに対し，IGBT はゲート電圧で制御される電圧制御素子であり，制御電力が小さいという特長を持つ．前述のように，IGBTは MOSFET とトランジスタを 1 チップに複合した素子であり，トランジスタの持つ小さなオン電圧と MOSFET の持つ高速性を兼ね備えた優れた特性を持っている．

(4) スイッチング特性

図 1.13 に IGBT のターンオン・ターンオフ特性を示す．ゲート電圧が 10% 立ち上がった時点からコレクタ電流が定格値の 10% に増加するまでの時間を**遅れ時間**（turn on delay time）t_d, 10% の時点から 90% に増加するまでを**立ち上がり時間**（rise time）t_r と呼んでいる．なお，**ターンオン時間**（turn on time）t_{on} は t_d と t_r の合計である．

また，ゲート電圧が 10% 減少した時点からコレクタ電流が 10% 減少するまでを**蓄積時間**（turn off delay time）t_{sg}, コレクタ電流が 10% 減少した時点か

図 1.11　IGBT の外観図
三菱電機 3,300 V, 1,500 A.

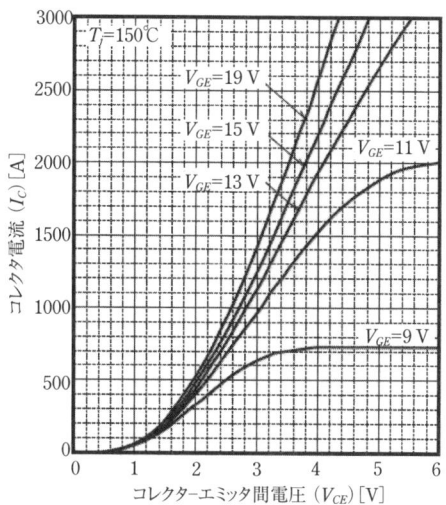

図 1.12　IGBT の出力特性
三菱電機 3,300 V, 1,500 A.

ら 90％減少する時点までを**下降時間**（fall time）t_f と呼ぶ．**ターンオフ時間**（turn off time）t_{off} は t_{sg} と t_f の和で定義される．これらの時間は，IGBT の容量，コレクタ電流やゲート電圧の値によっても変化するが，図 1.11 に示す［3,300 V, 1,500 A］

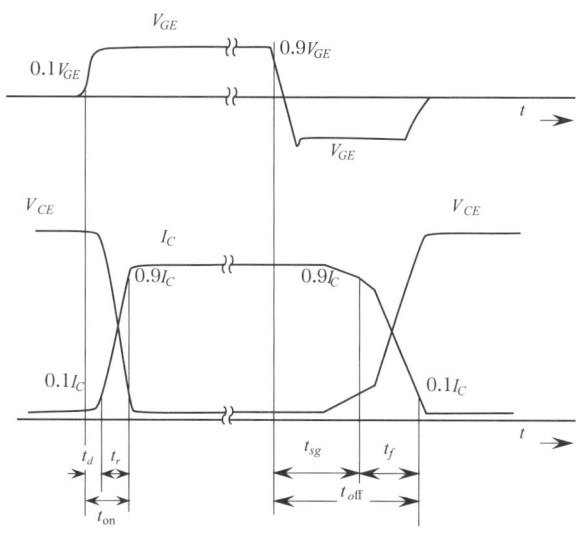

図 1.13　IGBT のスイッチング特性

のIGBTの場合，ターンオン時間は1.25μs，ターンオフ時間は3.15μsである．

(5) 安全動作領域 SOA

IGBTを「安全」に使用できる範囲，すなわち指定された電圧・電流範囲内であればIGBTを破壊することなく安全に使用できる範囲を**安全動作領域**（SOA：safe operating area）と呼ぶ．図1.14は逆バイアスSOAと呼ばれ，ゲートに指定された逆電圧を加えターンオフするときのSOAである．コレクタ電流の許容値（通常，定格

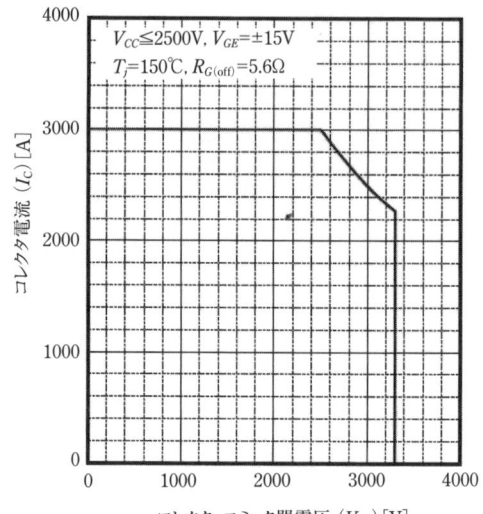

図1.14 逆バイアス安全動作領域（RBSOA）
三菱電機3,300 V, 1,500 A.

値の2倍に設定），コレクタ-エミッタ間電圧の定格値，ターンオフ時の損失で制限される．

この安全動作領域SOAはゲートに接続されている回路の状態によって異なるので，逆バイアスSOAのほか，ゲートに順バイアス電圧を加えた場合の順バイアスSOA，負荷を短絡した場合の短絡回路SOAの3種類の安全動作領域SOAが定義されている．

(6) トレンチIGBT，第五世代IGBT（CSTBT）

IGBTの技術革新は著しく，数年ごとに世代交代が図られてきた．第三世代までは微細化技術により高性能化が図られてきたが，第四世代では微細化技術に加えて**トレンチゲート構造**という革新的な構造が導入され，オン電圧とスイッチング損失のトレードオフ関係を示すトレードオフ曲線が飛躍的に改善された．

図1.15にトレンチIGBT（trench-gate IGBT）の構造を示す．トレンチゲート構造によりチャンネル断面積を増やし，コレクタ-エミッタ間飽和電圧を小さくすることにより損失を大幅に減らすことができた．図1.16にトレンチIGBTの飽和電圧特性曲線を第三世代IGBTと比較して示す．

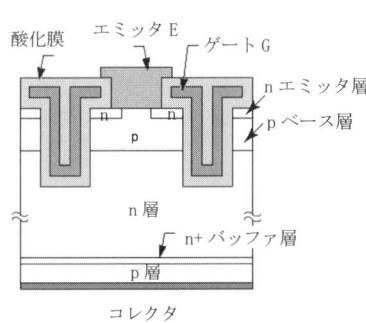

図1.15 トレンチ IGBT 構造図

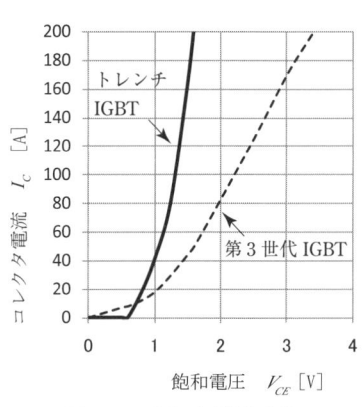

図1.16 飽和電圧特性曲線

図 1.17 に第五世代 IGBT として近年提案され採用されている**電荷蓄積型トレンチゲートバイポーラトランジスタ**（CSTBT：carrier stored trench-gate bipolar transistor）の構造を，図 1.18 にそのトレードオフ曲線を示す．これらの IGBT の進歩によりパワーエレクトロニクス装置の省電力は大きく前進した．現在の第五世代の IGBT を用いた装置のパワーロスは第一世代のそれの 1/3〜1/4 といわれている．

1.1.4 サイリスタ，GTO サイリスタ
(1) サイリスタの構造と原理

サイリスタ（thyristor）は 1957 年にアメリカの GE 社によって開発された．

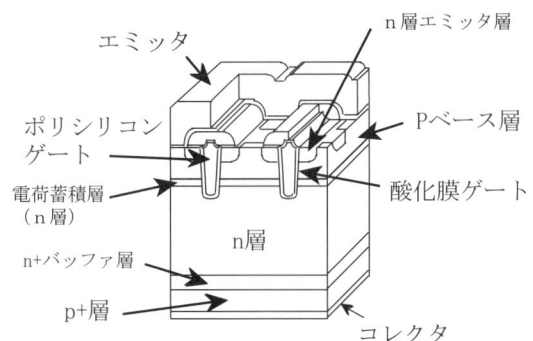

図1.17 電荷蓄積型トレンチゲートバイポーラトランジスタ（CSTBT）
三菱電機技報より引用し一部加筆．

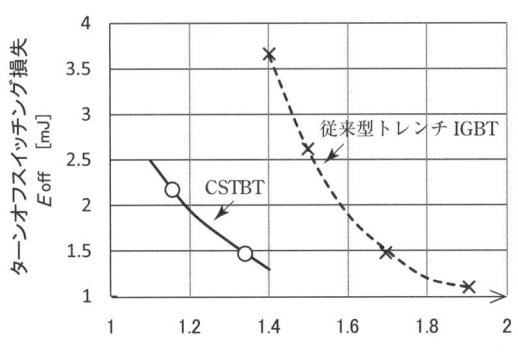

図1.18 トレードオフ曲線の比較
三菱電機技報より引用し一部加筆.

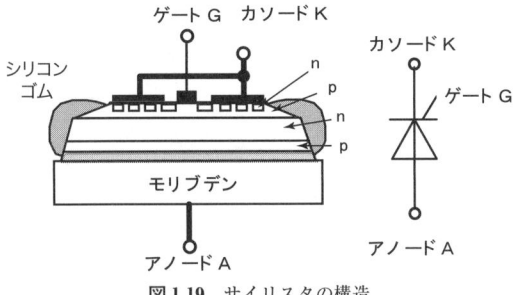

図1.19 サイリスタの構造

図1.20 サイリスタの外形図
三菱電機 12,000 V, 1,500 A.

パワーエレクトロニクスの歴史は，サイリスタとともに始まり，この素子を用いた回路技術の発展によって支えられたといえる．図1.19にサイリスタの基本構造を，図1.20に外形図を示す．図に示すように pnpn の4層構造をなし，アノード A，カソード K ならびにゲート G の3端子を持ち，アノードに正，カソードに負の電圧を加えた状態でゲートに正のパルス電圧を加えると導通する．自分で消弧する能力はなく，消弧するためにはアノード電流を**保持電流**（hold current）と呼ばれる値以下にするか，逆バイアス電圧を加えることが必要である．

サイリスタの点弧動作は，pnp と npn の2つのトランジスタを用いた図1.21

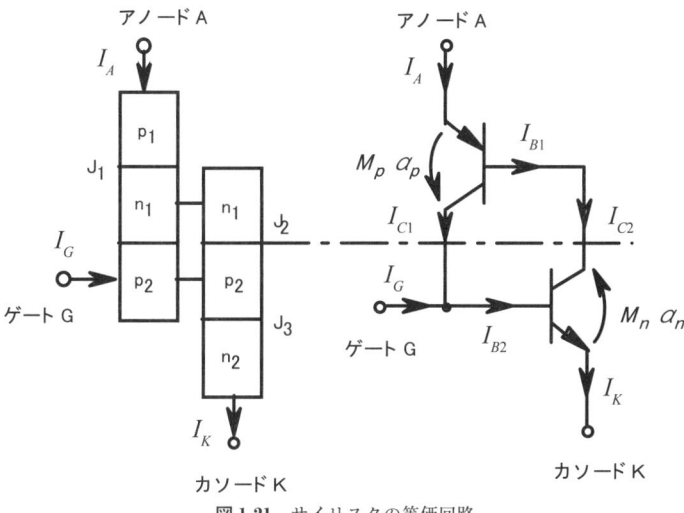

図 1.21 サイリスタの等価回路

に示す等価回路で説明することができる．

いま，接合 J_2 を通過する電流を求めると，次のように書ける．

$$\left. \begin{array}{l} I_{C1} = M_P \alpha_p I_A \\ I_{C2} = M_n \alpha_n I_K = I_{B1} \\ I_A = I_{C1} + I_{C2} \\ I_K = I_A + I_g \end{array} \right\} \quad (1.1)$$

ただし，α_p，α_n は各トランジスタの電流増幅率，M_p，M_n は接合 J_2 における正孔および電子のなだれ増幅係数である．

式 (1.1) からアノード電流 I_A を流すために必要なゲート電流 I_g を求めると次のように書ける．

$$I_g = \frac{1 - (M_p \alpha_p + M_n \alpha_n)}{M_n \alpha_n} I_A \quad (1.2)$$

すなわち，安定したアノード電流を継続して流すためには，式 (1.2) に示す I_g 以上のゲート電流を流す必要がある．シリコントランジスタの場合，α の値はエミッタ電流が小さいときわめて小さいが，大きくなるにつれ急激に増大する．なだれ増倍係数 M も，コレクタ-エミッタ間電圧が低いときはほとんど 1 に等しいが，高くなるにつれ増大する．いま，サイリスタに所要のゲート電流

を与えると，npn トランジスタのベース電流が流れ α_n が増大する．これにより $I_{C2}=I_{B1}$ が流れ，トランジスタ作用により α_p も増大する．ところで，必要なゲート電流の値 I_g は

$$M_p\alpha_p + M_n\alpha_n \geq 1 \tag{1.3}$$

だと，ゼロまたは負となる．すなわち α_p，α_n が増大し，条件式（1.3）が満足されると，ゲート電流を流さなくても，継続してアノード電流が流れ続けることを示している．

光エネルギーによる励起によっても α の値は増大し，条件式（1.3）を満足することができる．この原理を利用して**光直接点弧サイリスタ**が開発され，電力系統など高電圧が必要な分野で用いられている．なお dv/dt が大きすぎても α_p，α_n は増大し，誤点弧することがある．また，過大な印加電圧が加わると M_p，M_n が増大し，素子はブレークダウンする．

(2) GTO サイリスタの構造と原理

前述のサイリスタは，一度導通するとゲート信号によってはターンオフできず外部の転流回路の助けによりターンオフする，いわゆる転流ターンオフ形デバイスであるのに対し，**GTO サイリスタ**（gate turn off thyristor）は，負のゲート電流によってターンオフする自己消弧形デバイスである．大口径シリコンウェーハの製造技術の進歩に加え，VLSI の微細パターン加工技術が導入され，高電圧・大電流の GTO サイリスタの製造が可能になった．現在では，特に高電圧が必要で光直接点弧サイリスタが用いられている分野を除き，従来サイリスタが用いられていた電力，電鉄，産業応用などほとんどの分野で GTO サイリスタが採用されるようになった．現在 [6,000 V, 6,000 A] クラスの素子が市販されている．

GTO サイリスタもサイリスタの一種であり，一般のサイリスタと同様 pnpn の 4 層構造からなっている．したがって GTO サイリスタをターンオンするためには，前述の条件式（1.3）を満足すればよい．通常の状態では $M_p=M_n=1$ であるから，導通状態では次の条件が満足されている．

$$\alpha_p + \alpha_n \geq 1$$

GTO サイリスタをターンオフするためには，式（1.2）で与えられるゲート電流よりも絶対値が大きい負のゲート電流を与えればよい．図 1.21 のゲート-

エミッタ間に負の電圧を加え，J_3 を逆バイアスすると，npn トランジスタはオフ状態となる．したがって $I_{C2}=I_{B1}=0$ となり pnp トランジスタもオフ状態となり，結果として $α_p+α_n<1$ が実現する．しかしながら，J_3 の逆バイアスによりターンオフする領域はゲート電極の近傍に限られるため，オン状態の領域で局部的な電流集中が発生し，GTO サイリスタが破壊される恐れがある．そのために，GTO サイリスタは，精細なパターン加工技術により基本ユニット構造の素子が多数並列接続された構造になっている．図 1.22 にGTO サイリスタの外観図を示す．

図 1.22 GTO サイリスタ外観図
三菱電機 6,000 V, 6,000 A．

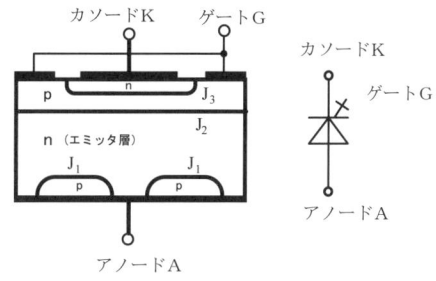

図 1.23 GTO の構造

ターンオン時の正のゲート電流やターンオフ時の負のゲート電流を小さくするためには，$α_p$ の値を一般のサイリスタと比較してかなり小さく，逆に $α_n$ の値を大きくする必要がある．$α_p$ の値を小さくする方法としては，
① n_1 層での再結合を速めるために，金や白金などの重金属を拡散する．
② 図 1.23 に示すようにアノード・エミッタを短絡し，p エミッタからの正孔の注入を抑制する．
などの方法が用いられている．

(3) GTO サイリスタのスイッチング特性

GTO サイリスタは多数の基本ユニットが多数並列接続された構造になっているために，それぞれの基本ユニットが確実にターンオン，ターンオフするように十分なゲート電流を供給する必要がある．そのため，ターンオン初期に特に大きなゲート電流を流し，ターンオン後もわずかなゲート電流を流しつづけるハイゲートドライブ回路が用いられている．

図 1.24 に GTO サイリスタのターンオフ特性を示す．負のゲート電流が

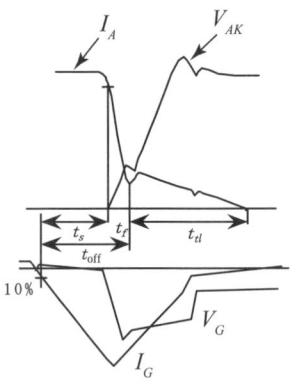

図1.24 GTOのターンオフ特性

10% 立ち下がった時点からアノード電流が 10% 減少するまでの時間を蓄積時間 t_s, アノード電流が 10% 減少した時点からくびれの最小値までを下降時間 t_f, さらにテイル電流が流れ終わってゲート逆電圧を取り去っても再点弧しない最小時間を**テイル時間**（tail current）t_{tl} と定義している．ターンオフ時間 t_off は蓄積時間 t_s と下降時間 t_f の合計で定義される．テイル時間と呼ばれる蓄積キャリアが消滅する時間中も，逆バイアス電圧を加えつづける必要がある．この期間中に発生する損失が比較的大きいため，大容量パワーエレクトロニクス装置に適用する場合，後述するスナバ回路を用いてその損失の低減を図る必要がある．

(4) GCTサイリスタ

GCTサイリスタ（gate commutated turn-off thyristor）は，先に述べたGTOサイリスタと原理的には同じであるが，ウェーハの外周部にリング状のゲートを設けている．これによりゲート回路の浮遊インダクタンスを通常のGTOサイリスタの約 1/100 に減らすことができた．インダクタンスを減らすことによりターンオフ時にゲート電流を高速に制御できるようになり，数 μs の高速スイッチングが可能になった．図 1.25 に [6,500 V, 1,500 A] の GCT サイリスタを示す．

1.1.5 各種電力用半導体素子の開発動向

図 1.26 に，これまでに述べた各種電力用半導体素子の容量（定格電圧×定格電流）とその使用周波数範囲を比較して示す．パワーエレクトロニクスは電力エネルギーを効率よく利用するための変換および制御技術であり，その発展

図1.25 GCTサイリスタの外観図
三菱電機　6,500 V, 1,500 A.

には高電圧，大電流を高速で効率よく開閉できる高性能の電力用半導体素子の開発が不可欠である．そのためシリコンを中心とする従来のデバイスの省エネルギー化に加えて，炭化ケイ素（SiC）や窒化ガリウム（GaN）などのオン抵抗が低く，電力損失が低減できる新しい高性能素子の開発を目指した研究が日夜行われている．

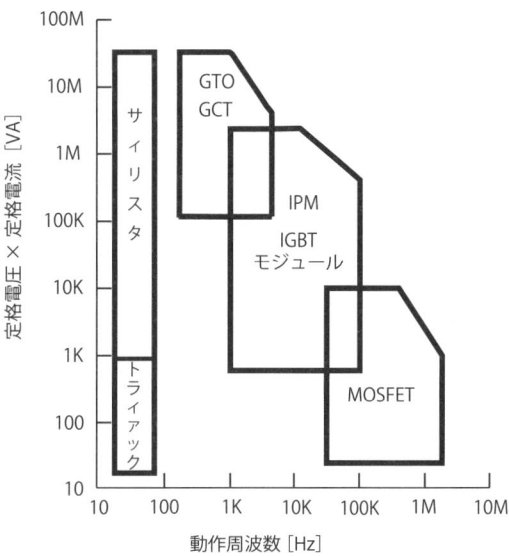

図1.26　各種電力用半導体素子の容量

近年，汎用インバータ，ACサーボ，太陽光発電，風力発電，電気自動車などの用途では，装置の高性能化，小型化，低損失化に加えて，使いやすさや環境への配慮など新しい要求も高まっている．そこで特定の用途に特化し，必要な複数の電力用半導体素子とそのドライブ回路，さらには保護回路や制御回路を1つのパッケージに組み込みシステムとした **IPM**（intelligent power module）が開発され，広

図1.27　モータ制御用IPM
三菱電機 22 kW, 1,200 V, 100 A.

く用いられるようになった．図1.27にその一例を示す．このIPMの場合，22 kWの三相インバータとそのドライブ回路，保護回路ならびに制御回路が 102 mm×120 mm×24 mm のパッケージの中に組み込まれている．

1.2　電力用半導体素子の損失

1.2.1　電力用半導体素子の電力損失

すべての半導体素子は，その使用状態に応じて，多かれ少なかれその内部で

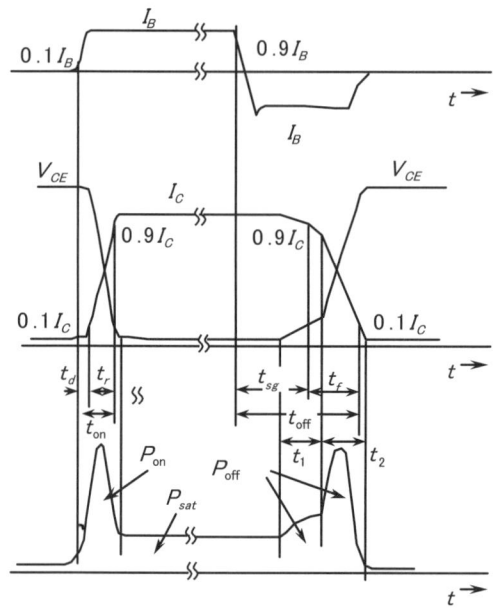

図1.28 電力用半導体スイッチの内部損失

電力損失を発生する．この損失により熱が発生し，接合部温度が上昇する．これが許容値を超えると半導体の破壊につながるため，半導体内部で発生した熱量をすみやかに素子外部に輸送，放熱し，接合部温度を許容値以内に保つ放熱・冷却装置が必要になる．電力用半導体素子は通常，放熱板に取り付けられ，比較的小容量の場合は自然空冷，中大容量の場合は強制空冷や液体冷却などの方法により冷却が行われている．

図1.28に電力用半導体素子のスイッチング波形と，そのときに発生する電力損失の例を示す．一般に電力用半導体スイッチで発生する内部損失 P は次式で表される．

$$P = \frac{T_{on}}{T} V_{on} I_C + \frac{T_{off}}{T} E_s I_{off} + \frac{t_{on}}{T} \xi_{on} E_s I_C + \frac{t_{off}}{T} \xi_{off} E_s I_C \tag{1.4}$$

ただし，V_{on}：導通時の順方向電圧降下，I_{off}：非導通時の漏れ電流，T：1周期の長さ，T_{on}：導通期間，T_{off}：非導通期間，t_{on}：ターンオン時間，t_{off}：ターンオフ時間，E_s：電源電圧，I_C：導通時の素子電流である．上式の第1項は導通時損失である．通常，第2項の非導通時の損失は他の損失に比べて無視できる．第3項はターンオン時の，第4項はターンオフ時の損失である．これらの項に含まれる ξ は，スイッチング時の電圧，電流波形の関数となるが，電圧，電流が直線的に変化すると仮定した場合，$\xi = 1/6$ となる．

【例題 1.1】 パワートランジスタの内部損失を計算せよ．ただし，コレクタ–エミッタ間の印加電圧は1,500 V，コレクタ電流は1,000 A とし，ターンオン時間 t_{on} を 3 μs，ターンオフ時間 t_{off} を 18 μs，1周期の長さを 500 μs（2 kHz），導通時の順

電圧降下を 2 V，導通期間を 250 μs とせよ．ただし非導通期間の損失は無視する．

【解答】
(1) 導通期間
$$\frac{T_{on}}{T}V_{on}I_C = \frac{250\ \mu s}{500\ \mu s}2[V] \times 1,000[A] = 1[kW]$$
(2) ターンオン時
$$\frac{t_{on}}{T}\xi_{on}E_sI_C = \frac{3\ \mu s}{500\ \mu s} \times \frac{1}{6} \times 1,500[V] \times 1,000[A] = 1.5[kW]$$
(3) ターンオフ時
$$\frac{t_{off}}{T}\xi_{off}E_sI_C = \frac{18\ \mu s}{500\ \mu s} \times \frac{1}{6} \times 1,500[V] \times 1,000[A] = 9[kW]$$

すなわち 10 kW を超える内部損失が発生し，そのほとんどがスイッチング時に発生している．同様な計算をターンオン時間，ターンオフ時間がともに 1 μs 以下の同程度の容量の IGBT に対して行うと，導通期間での損失はほとんど変わらないが，ターンオン時，ターンオフ時の損失がともに 0.5 kW となり，全体で 3 kW と大幅に損失が減少する．逆に同じ損失の条件では，スイッチングの周波数を 20 kHz まで増加することができる．

一般にパワーエレクトロニクス装置の制御の観点からは，スイッチング周波数は高いほど望ましい．すなわち

① 電流制御を行う場合，スイッチング周期ごとに誤差を少なくするような制御を行うので，スイッチング周波数が高いほど，誤差を小さくできる．
② 電源や負荷にはスイッチング周波数の高調波が現れるが，その周波数が高いほど必要なフィルタ容量が少なくなる．
③ 可聴周波数を超えるスイッチング周波数を用いることにより騒音を大幅に減らすことができる．

そのため，スイッチング時間が短く，高電圧，大電流の素子の開発研究が懸命に行われている．

1.2.2 スナバ回路

電力用半導体素子を実際に使用する場合，普通，素子に並列に**スナバ回路**（snubber circuit）を設ける．図 1.29 にスナバ回路の一例を示す．

スナバ回路には，以下のような役割がある．
① コンデンサには電圧を一定に保つ性質があることを利用して，半導体素子

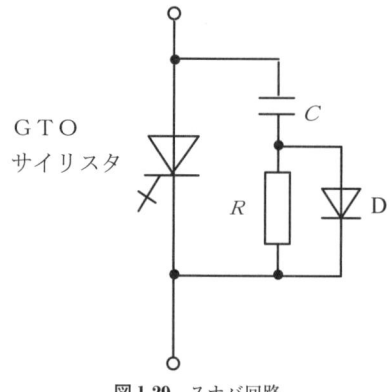

図 1.29 スナバ回路

に加わる電圧の立ち上がり dv/dt を抑え，素子の再点弧やブレークダウンの発生を防止する．

② 素子の電流をスナバ回路に分流させることにより，素子のターンオフを容易にするとともに，素子のターンオフ時の内部損失を減らす．

特に大容量 GTO サイリスタの場合，図 1.24 で示したように，素子電圧が立ち上がった状態でテイル電流が流れるため，スナバの設計は重要であり，スナバ回路によって装置の性能が決まるといっても過言ではない．

1.2.3 ソフトスイッチング

電力用半導体素子のスイッチング損失は，スイッチング時の電圧と電流の積で決まる．したがって，図 1.30 に示すように，スイッチングの期間中，素子に加わる電圧か電流が 0 に保たれていれば，スイッチング損失は発生しない．このようなスイッチングを**ソフトスイッチング**（soft switching）と呼び，通常のスイッチング（ハードスイッチング）と区別している．

ソフトスイッチングには，スイッチング期間中の素子の電圧を 0 に保つ零電圧スイッチング（ZVS）と，電流を 0 に保つ零電流スイッチング（ZCS）があるが，その詳細は第 2 章の具体的な回路での説明に譲る．

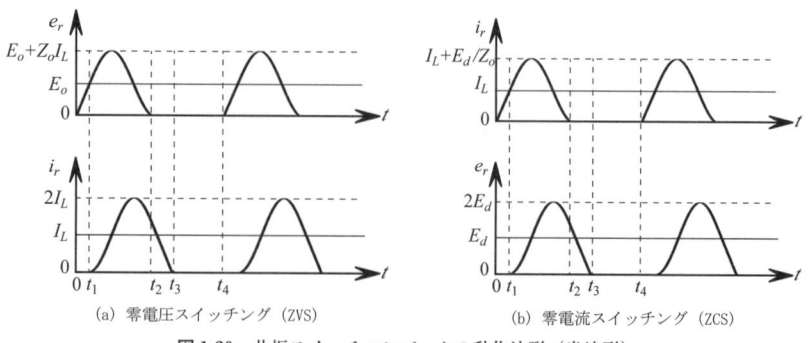

図 1.30 共振スイッチコンバータの動作波形（半波形）

Tea Time

ダイヤモンド整流素子？

　現在，電力用半導体素子の材料としてシリコンがもっぱら用いられている．しかし半導体材料にはシリコン以外にもいろいろな材料がある．本当にシリコンがベストの材料なのだろうか？

　下の表はさまざまな半導体材料の物性定数と性能指数を示したものである．表に示すように半導体の性能指数が一番高いのはダイヤモンドであるが，大型結晶基盤の成長がきわめて困難であり，良質の絶縁膜やn型が開発されていないなど解決すべき課題がある．

　炭化ケイ素（SiC）は，バンドギャップが広く，高耐電圧，高速動作，高熱伝導，高温動作が可能で熱伝導率も大きいという特長を持っており，次世代のパワーエレクトロニクス材料として注目されている．また，窒化ガリウム（GaN）は特に高周波特性が優れており，次世代のワイヤレス通信などへの応用が期待されている．

表　さまざまな半導体材料の物性定数と性能指数

項目	Si	GaAs	SiC (6H)	SiC (4H)	GaN	ダイヤモンド
バンドギャップ (eV)	1.12	1.43	2.86	3.02	3.39	5.46
電子移動度 (cm^2/V_s)	1500	8500	460	700	900	1800
絶縁破壊電界 (MV/cm)	0.3	0.4	3	3.5	2	4
電子飽和速度 ($\times 10^7 cm/s$)	1	2	2	2.7	2.7	2.5
熱伝導率 (W/cm・℃)	1.51	0.54	4.9	4.9	1.3	20.9
性能指数*	1	2.54	1298	3220	279	15379

＊性能指数＝熱伝導率×(絶縁破壊電界×電子飽和速度$/2\pi)^2$

2 DC-DC 変換装置

　電力用半導体スイッチを用いた DC-DC 変換装置は，直流電源から任意の大きさの直流出力電圧を得る変換器であり，一般に **DC-DC コンバータ**と呼ばれる．DC-DC コンバータは，電力用半導体スイッチの配置によって種々の出力特性を得ることができるため，スイッチング電源から直流電動機の駆動電源まで幅広く用いられている．また，後述する DC-AC, AC-DC, AC-AC 変換装置を構成する要素としてその重要性は高い．本章では，まず DC-DC コンバータの制御法である **PWM**（パルス幅変調）を説明し，PWM を適用したときのバックコンバータ，ブーストコンバータなどの代表的な回路の特性を導く．また，LC 共振現象を利用した共振スイッチコンバータの基本的な構成とその動作について説明する．なお，DC-DC コンバータを**チョッパ**（chopper）と呼ぶことがあるが，これは本章で説明するバックコンバータとブーストコンバータを指すのが一般的である．

2.1 PWM 技術

　DC-DC コンバータでは少なくとも1個の電力用半導体スイッチが使われるので，入力電圧や負荷が変動しても，このスイッチをオンオフ制御することによって出力電圧を所望の値に調整することができる．スイッチのオンオフ制御を説明するために，図 2.1 のように IGBT で示すスイッチ S を介して電圧 E_d の直流電源に抵抗 R を接続した場合を考える．図 2.2 に示すように，一定周期 T の間で T_{on} だけスイッチをオン状態にし，T_{off} の間はオフ状態にするものとすると，出力電圧 e_o は波高値 E_d，時間幅 T_{on} のパルス波形になる．いま，**デューティ比**（duty ratio）を

$$D = \frac{T_{on}}{T} \tag{2.1}$$

で定義すると，T_{off} の間は $e_o = 0$ であるので，出力電圧の平均値 E_o は

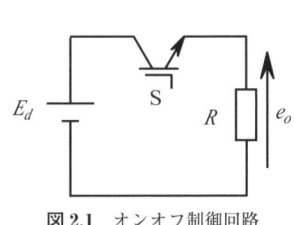
図 2.1 オンオフ制御回路

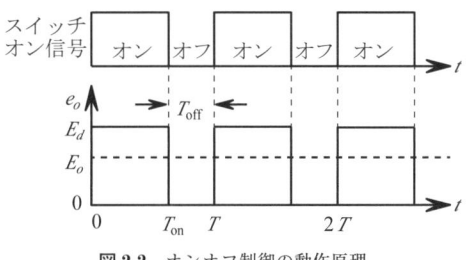
図 2.2 オンオフ制御の動作原理

$$E_o = \frac{1}{T}\int_0^T e_o dt = \frac{1}{T}\int_0^{T_{on}} E_d dt = \frac{T_{on}}{T} E_d = DE_d \qquad (2.2)$$

となり，D すなわち T_{on} を制御すれば E_o は調整可能であることがわかる．このような制御方法を **PWM**（pulse-width modulation）あるいは**パルス幅変調**という．デューティ比 D は通流比，デューティファクタなどとも呼ばれる．なお，図 2.2 から

$$0 \leq D \leq 1 \qquad (2.3)$$

である．また，スイッチング周波数 f_s は

$$f_s = \frac{1}{T} \qquad (2.4)$$

で与えられ，通常，数 kHz から数百 kHz に選ばれる．さらに，入力電圧に対する出力電圧の比

$$M = \frac{E_o}{E_d} \qquad (2.5)$$

を電圧変換率（conversion ratio）と呼ぶことがある．

　デューティ比 D は，T_{on} を一定に保ち周期 T を変えることによっても制御可能であり，この制御方法を **PFM**（pulse-frequency modulation）あるいは**パルス周波数変調**というが，スイッチング周波数が広帯域となり，絶縁トランス，フィルタなどが大型化するため一般には PWM が用いられる．また，図 2.1 の電力用半導体スイッチは損失がほとんどないオンあるいはオフで動作する．このようなオンオフ動作を用いたスイッチング法で制御されるコンバータを一般に**スイッチモードコンバータ**（switch-mode converter）といい，通常，回路要素の電圧が周期的な方形波となるコンバータを指す．2.2〜2.4 節で代表的な

スイッチモード DC–DC コンバータの動作と特性を説明するが，簡単のため回路要素の損失がない理想的な場合を仮定する．ただし，実際に得られる特性は，電力用半導体スイッチおよびダイオードの順方向電圧降下，スイッチング損失，リアクトルの銅損ならびに鉄損などに依存する．

ところで，DC–DC コンバータではフィルタおよびエネルギー蓄積・移送要素としてリアクトル，コンデンサが使われる．リアクトル L における電圧と電流の関係は

$$v_L = L \frac{di_L}{dt} \tag{2.6}$$

であるので，両辺を一周期の間で積分すると

$$\int_0^T v_L dt = \int_0^T L \frac{di_L}{dt} dt = L \int_{i_L(0)}^{i_L(T)} di_L = L\{i_L(T) - i_L(0)\} \tag{2.7}$$

となる．定常状態では周期性から

$$i_L(T) = i_L(0) \tag{2.8}$$

でなければならないので

$$\int_0^T v_L dt = 0 \tag{2.9}$$

が成立する．式 (2.9) は 1 スイッチング周期におけるリアクトルの電圧時間積あるいは磁束の変化分が 0 であることを意味する．一方，コンデンサ C においては

$$i_C = C \frac{dv_C}{dt} \tag{2.10}$$

であるので，式 (2.7) と同様にして

$$\int_0^T i_C dt = C\{v_C(T) - v_C(0)\} \tag{2.11}$$

となり，定常状態では

$$v_C(T) = v_C(0) \tag{2.12}$$

でなければならないので

$$\int_0^T i_C dt = 0 \tag{2.13}$$

が成立する．式 (2.13) は1スイッチング周期におけるコンデンサの電流時間積，あるいは電荷の変化分が0であることを意味する．式 (2.9) および式 (2.13) は PWM を適用した DC–DC コンバータにおける入出力の電圧や電流の関係を導くときによく使われる．

2.2 バックコンバータ

バックコンバータ（buck converter）は**降圧形コンバータ**（step-down converter）とも呼ばれ，入力電圧より低い出力電圧が得られる．前節で示した図 2.1 の回路はバックコンバータの原理図であるが，出力電圧が0と E_d の間で脈動するので，実際には図 2.3 に示すようにリアクトル L とコンデンサ C からなる低域通過フィルタを挿入して出力電圧の脈動を抑制する．このとき，LC の共振周波数

$$f_o = \frac{1}{2\pi\sqrt{LC}} \tag{2.14}$$

はスイッチング周波数 f_s に比べて十分低くなるように設計する．スイッチがオフしたとき，L に蓄積されたエネルギーは**環流ダイオード**（free wheeling diode）D を通って放出される．もし D がなければ，L のエネルギーは，はけ口を求めてスイッチ S の両端に高電圧を発生し，スイッチ S を破壊する．

フィルタコンデンサが十分大きいとすると，出力電圧 e_o は一定値 E_o と考えることができる．スイッチ S がターンオンされると，リアクトル電圧 v_L は

$$v_L = L\frac{di_L}{dt} = E_d - E_o \tag{2.15}$$

であるので，i_L は

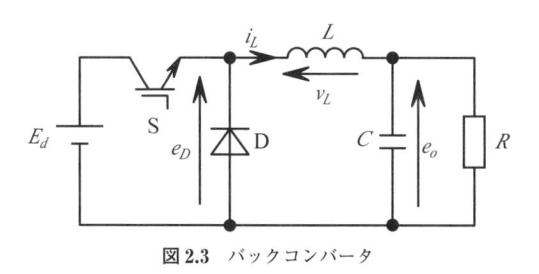

図 2.3 バックコンバータ

$$i_L = \frac{E_d - E_o}{L} t + i_L(0) \qquad (2.16)$$

にしたがって直線的に増加する．ただし，$i_L(0)$ は $t=0$ における i_L の初期値であり，$i_L(0) \neq 0$ としておく．一方，$t=T_{\mathrm{on}}$ でスイッチSはターンオフされる．このとき，リアクトル電流はダイオードDを通って環流しエネルギーを放出する．T_{on} から T の間は v_L が

$$v_L = L \frac{di_L}{dt} = -E_o \qquad (2.17)$$

となるので，i_L は

$$i_L = -\frac{E_o}{L}(t - T_{\mathrm{on}}) + i_L(T_{\mathrm{on}}) \qquad (2.18)$$

のように直線的に減少する．したがって，Sオン，Sオフのときの等価回路はそれぞれ図2.4 (a)，(b) のように表され，e_D，v_L，i_L の波形は図2.5となる．ただし，I_L はリアクトル電流の平均値である．式（2.9）に示した L の電圧時間積を計算してみると，図2.5から

$$\int_0^T v_L dt = (E_d - E_o)T_{\mathrm{on}} + (-E_o)T_{\mathrm{off}} = (E_d - E_o)DT - E_o(1-D)T$$
$$= E_d DT - E_o T = 0 \qquad (2.19)$$

となるので

$$E_o = DE_d \qquad (2.20)$$

が導出され，これは式（2.2）と一致する．すなわち，式（2.3）を考慮すると，入力電圧より低いデューティ比に比例した出力電圧が得られることがわかる．

ところで，リアクトル電流 i_L は図2.5に示すように脈動する．i_L の平均値 I_L からの変動分すなわちピークリプル

(a) Sオン

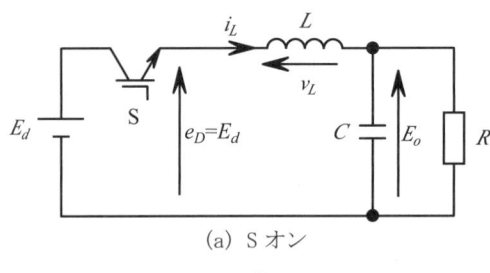

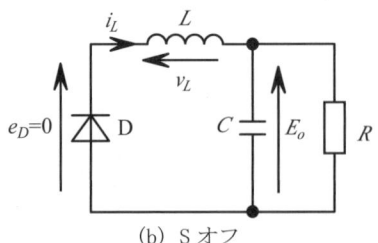

(b) Sオフ

図2.4 バックコンバータの等価回路

2.2 バックコンバータ

図 2.5 バックコンバータの動作波形
(連続モード動作)

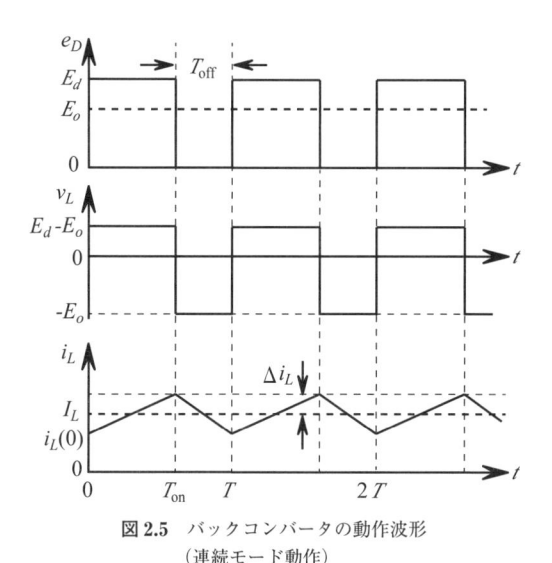

Δi_L は

$$\Delta i_L = \frac{E_d - E_o}{2L} T_{on} = \frac{E_d - E_o}{2L} DT \tag{2.21}$$

あるいは

$$\Delta i_L = \frac{E_o}{2L} T_{off} = \frac{E_o}{2L} (1-D) T \tag{2.22}$$

で与えられ，リアクトルの設計に利用される．式 (2.20) を式 (2.21) あるいは式 (2.22) に代入すると

$$\Delta i_L = \frac{E_d}{2L} D(1-D) T \tag{2.23}$$

であるから，E_d が一定の場合

$$\frac{\partial \Delta i_L}{\partial D} = 0 \tag{2.24}$$

を満たす D は $D=1/2$ となり，オン，オフの時間が等しいところで Δi_L は最大になる．一方，式 (2.23) より，L が大きくなるほど，あるいはスイッチング周波数が高くなるほどリアクトル電流の脈動は小さくなる．また，スイッチン

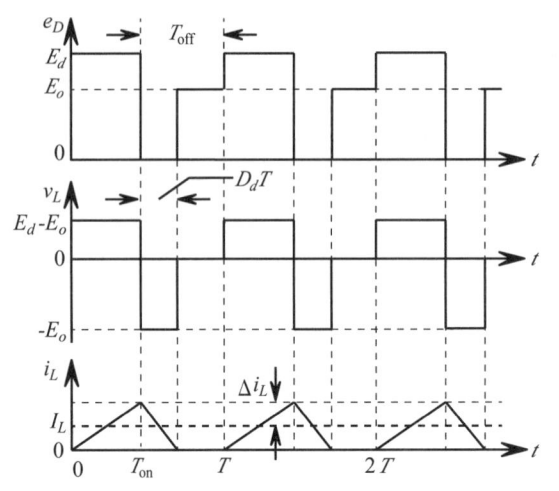

図 2.6 バックコンバータの動作波形
(不連続モード動作)

グ周波数を高く設定すればリアクトルは小型化できることがわかる.

これまでの議論は, $i_L(0) \neq 0$ が成立すると仮定したものであった. このような動作を**連続モード動作** (continuous conduction mode operation) と呼ぶ. これに対し, 負荷抵抗が大きくなって出力が小さくなるとリアクトル電流が減少し, $i_L(0) = 0$ となって不連続になる. このような動作を**不連続モード動作** (discontinuous conduction mode operation) という. 不連続モード動作において, T_{on} から環流ダイオードが導通する期間が $D_d T$ であるとすると,

$$0 \leq D_d \leq 1 - D \tag{2.25}$$

であり, 電圧, 電流波形は図 2.6 のようになる. $i_L = 0$ のときは $v_L = 0$ であるので, L の電圧時間積から

$$\int_0^T v_L dt = (E_d - E_o) DT + (-E_o) D_d T = 0 \tag{2.26}$$

を得る. したがって, 出力電圧は

$$E_o = \frac{D}{D + D_d} E_d \tag{2.27}$$

ピークリプル Δi_L は

で与えられる．このときのリアクトル電流のピーク値は同じ出力を供給する連続モード動作時の電流ピーク値に比較して大きくなるので，ターンオフの際のスイッチング損失が増大する点に注意しなければならない．

$$\Delta i_L = \frac{E_d - E_o}{2L}DT = \frac{E_o}{2L}D_dT \tag{2.28}$$

なお，連続モード動作と不連続モード動作の境界では $I_L = \Delta i_L$ が成立し，1スイッチング周期における入出力のエネルギーバランスから

$$E_d I_L T_{on} = E_o \frac{E_o}{R} T \tag{2.29}$$

であるので，式 (2.20)，(2.22) より

$$\frac{E_o}{R} = \frac{E_o}{2L}(1-D)T \tag{2.30}$$

の関係が導かれる．したがって，バックコンバータを連続モードで動作させるためには，L が大きいほど電流 i_L の変化が小さくなるので，L は

$$L > \frac{R}{2}(1-D)T \tag{2.31}$$

の条件を満たす必要がある．

2.3 ブーストコンバータ

ブーストコンバータ（boost converter）は入力電圧より高い出力電圧を得るDC–DCコンバータであり，**昇圧形コンバータ**（step-up converter）とも呼ばれる．図2.7にブーストコンバータを示す．構成要素の数は図2.3のバックコンバータと全く同じであるが，出力電圧が入力電圧より高いので，ダイオードDは出力側から入力側への電流の逆流を阻止する働きをする．また，コンデンサ C は出力端電圧を平滑にし，これが十分大きいとすると出力電圧 e_o は一定値 E_o と考えることができ，スイッチSの

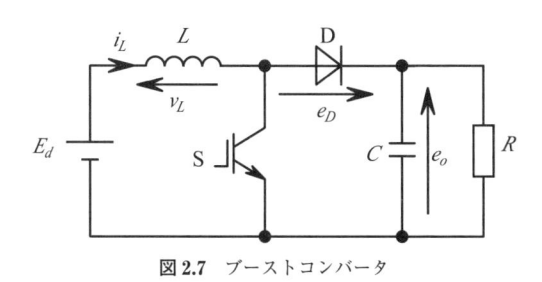

図2.7 ブーストコンバータ

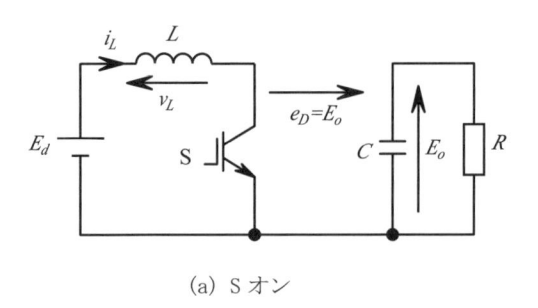

(a) S オン

(b) S オフ

図 2.8 ブーストコンバータの等価回路

オン,オフに対する等価回路はそれぞれ図 2.8 (a),(b) のように表される.以下,図 2.8 を参考にブーストコンバータの動作を説明する.

スイッチ S がターンオンされると,図 2.7 のダイオード D は逆バイアスを受け導通が阻止されるので,図 2.8 (a) に示すように,リアクトル L には電源電圧が直接印加される.ブーストコンバータが連続モードで動作していると仮定すると,スイッチ S がターンオンされたときのリアクトル電流 i_L の初期値 $i_L(0)$ は $i_L(0) \neq 0$ であり,

$$v_L = L\frac{di_L}{dt} = E_d \tag{2.32}$$

から,i_L は

$$i_L = \frac{E_d}{L}t + i_L(0) \tag{2.33}$$

にしたがって直線的に増加する.$t = T_{on}$ で S がターンオフされると,L には図示の極性とは逆の電圧が誘導され,この電圧が電源電圧に加わって i_L は電源から負荷へ流れる.このような動作は,エネルギーの観点からは,S オンによってリアクトルに蓄積されたエネルギーが S オフ時に負荷へ移送されることを意味する.S オフのときは,図 2.8 (b) より

$$v_L = L\frac{di_L}{dt} = E_d - E_o \tag{2.34}$$

が成立し,$E_d \leq E_o$ であるので,i_L は

2.3 ブーストコンバータ

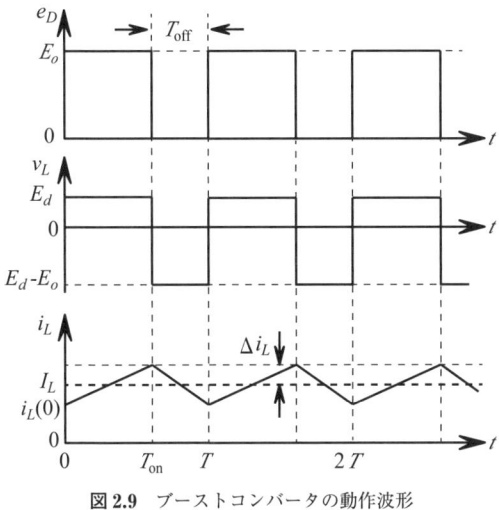

図 2.9 ブーストコンバータの動作波形
(連続モード動作)

$$i_L = \frac{E_d - E_o}{L}(t - T_{on}) + i_L(T_{on}) \tag{2.35}$$

にしたがって直線的に減少する．i_L および e_D，v_L を図示すると図 2.9 のようになる．ただし，I_L は i_L の平均値である．

図 2.9 を参考にすると，L の電圧時間積から

$$\int_0^T v_L dt = E_d T_{on} + (E_d - E_o) T_{off} = E_d DT + (E_d - E_o)(1-D)T$$
$$= E_d T - E_o(1-D)T = 0 \tag{2.36}$$

が成立しなければならないので，出力電圧 E_o は

$$E_o = \frac{1}{1-D} E_d \tag{2.37}$$

で与えられる．E_o は，例えば $D=0$ のときには E_d，D が 1 に近づくと ∞ になるので，E_d から ∞ の範囲で調整可能であることがわかる．一方，ピークリプル Δi_L は，図 2.9 から

$$\Delta i_L = \frac{E_d}{2L} T_{on} = \frac{E_d}{2L} DT \tag{2.38}$$

あるいは

$$\Delta i_L = \frac{E_o - E_d}{2L} T_{\text{off}} = \frac{E_o - E_d}{2L}(1-D)T \tag{2.39}$$

となり，E_d が一定のときデューティ比に比例する．

ところで，1スイッチング周期における入出力のエネルギーバランスから

$$E_d I_L T = E_o \frac{E_o}{R} T \tag{2.40}$$

であるので，式 (2.37) を用いて

$$\frac{E_o}{R} = \frac{E_d}{E_o} I_L = (1-D)I_L \tag{2.41}$$

の関係が得られる．バックコンバータと同様に，連続モード動作と不連続モード動作の境界では $I_L = \Delta i_L$ が成立するので，式 (2.37)，(2.38) から

$$\frac{E_o}{R} = (1-D)I_L = (1-D)\Delta i_L = \frac{E_o}{2L}D(1-D)^2 T \tag{2.42}$$

を得る．したがって，ブーストコンバータを連続モードで動作させるためには

$$L > \frac{R}{2}D(1-D)^2 T \tag{2.43}$$

を満たすようにリアクトルを設計しなければならない．式 (2.43) が成り立たないときにはブーストコンバータは不連続モードで動作し，そのときの電圧，電流波形は図 2.10 のようになる．ただし，$D_d T$ は T_{on} でダイオードDが導通を開始した時点からリアクトル電流 i_L が0になるまでの時間である．不連続モード動作時においても式 (2.9) が成り立ち，

$$\int_0^T v_L dt = E_d DT + (E_d - E_o)D_d T = 0 \tag{2.44}$$

であるので，出力電圧 E_o は

$$E_o = \frac{D + D_d}{D_d} E_d \tag{2.45}$$

となる．また，このときのリアクトル電流のピークリプル Δi_L は図 2.10 より

$$\Delta i_L = \frac{E_d}{2L} DT = \frac{E_o - E_d}{2L} D_d T \tag{2.46}$$

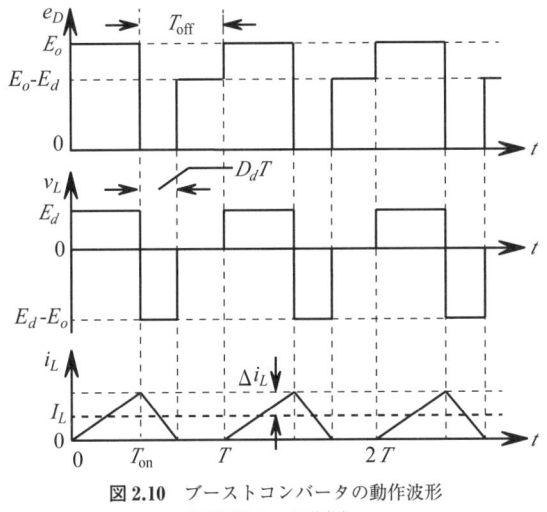

図 2.10 ブーストコンバータの動作波形
(不連続モード動作)

で与えられる．

なお，図 2.3 と図 2.7 の機能を組み合わせて図 2.11 のようにすると，2 つの電源 E_{d1} と E_{d2} の間で双方向のパワーフローが可能になる．ただし，$E_{d1}<E_{d2}$ である．

2.4 バックブーストコンバータ

バックコンバータおよびブーストコンバータと同じ構成要素を図 2.12 のように配置すると**バックブーストコンバータ**（buck–boost converter）と呼ばれる**昇降圧形コンバータ**（step-up/step-down converter）が得られる．バックブ

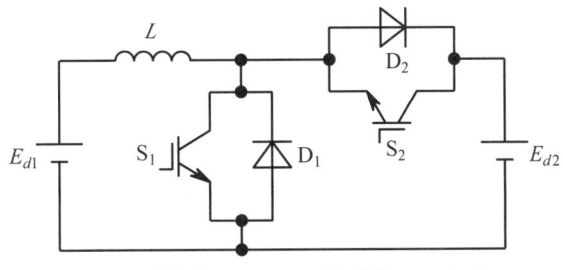

図 2.11 双方向パワーフローが可能なコンバータ

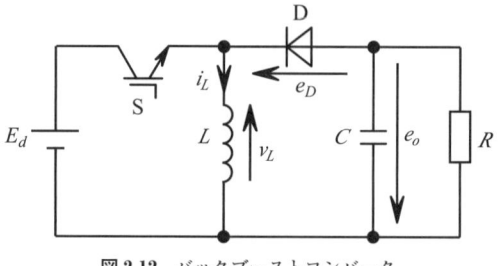

図 2.12 バックブーストコンバータ

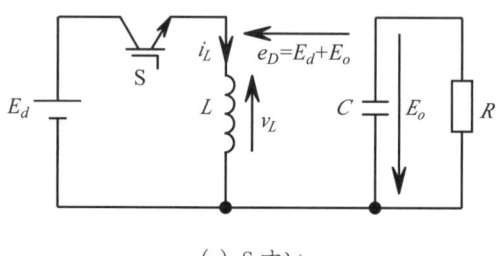

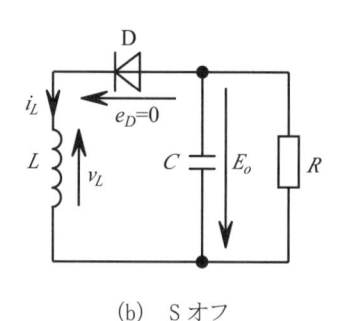

図 2.13 バックブーストコンバータの等価回路
(a) S オン
(b) S オフ

ーストコンバータでは，図 2.12 のように出力電圧の極性が反転するので，ダイオード D はコンデンサ C の電荷がスイッチ S あるいはリアクトル L を介して放電するのを阻止するために挿入されている．図 2.13 (a), (b) は，C が十分大きく出力電圧 e_o が一定値 E_o であると仮定したときのそれぞれ S オン，S オフに対する等価回路である．

スイッチ S がターンオンされると，図 2.13 (a) に示すように，電源電圧が L に印加され，ダイオード D は E_d+E_o の逆バイアスを受ける．いま，電流連続モードで動作しているとすると

$$v_L = L\frac{di_L}{dt} = E_d \tag{2.47}$$

であるので，リアクトル電流は初期値 $i_L(0) \neq 0$ を用いて

$$i_L = \frac{E_d}{L}t + i_L(0) \tag{2.48}$$

となる．すなわち i_L は E_d/L に比例して直線的に増加する．一方，$t=T_{on}$ で S がターンオフされると L は電源と切り離される．このとき，i_L は E_o に逆らって流れざるを得ないので，L には図とは逆極性で大きさ E_o の電圧が誘導される．したがって，図 2.13 (b) より

2.4 バックブーストコンバータ

$$v_L = L\frac{di_L}{dt} = -E_o \quad (2.49)$$

が成り立つので，i_L は

$$i_L = -\frac{E_o}{L}(t - T_{\text{on}}) + i_L(T_{\text{on}})$$

$$(2.50)$$

にしたがって直線的に減少する．i_L, e_D, v_L の波形を図示すると図 2.14 のようになる．ただし，I_L は i_L の平均値である．図 2.14 の v_L に対して式 (2.9) の関係が成り立たねばならないので

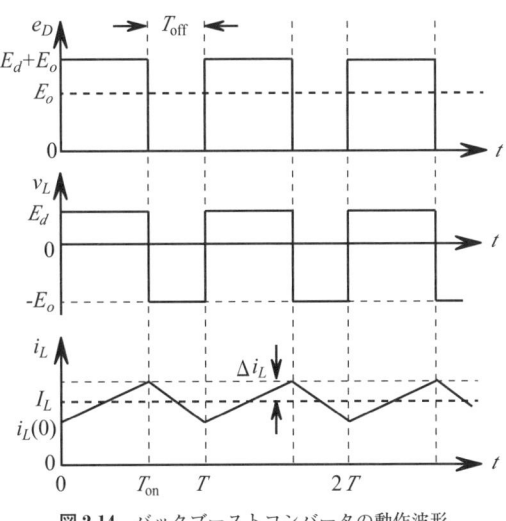

図 2.14 バックブーストコンバータの動作波形（連続モード動作）

$$\int_0^T v_L dt = E_d T_{\text{on}} + (-E_o) T_{\text{off}} = E_d DT - E_o(1-D)T = 0 \quad (2.51)$$

が得られる．すなわち，出力電圧 E_o は

$$E_o = \frac{D}{1-D} E_d \quad (2.52)$$

と表される．デューティ比 D の制御範囲が式 (2.3) であることを考慮すると，出力電圧は 0 から ∞ まで調整できるので，バックブーストコンバータは入力電圧に対して昇降圧動作が可能であることがわかる．

ピークリプル Δi_L は，図 2.14 を参考にすると

$$\Delta i_L = \frac{E_d}{2L} T_{\text{on}} = \frac{E_d}{2L} DT \quad (2.53)$$

あるいは

$$\Delta i_L = \frac{E_o}{2L} T_{\text{off}} = \frac{E_o}{2L}(1-D)T \quad (2.54)$$

となり，E_d が一定のときはデューティ比に比例する．一方，1 スイッチング周期における入出力のエネルギーバランスから

$$E_d I_L T_{\mathrm{on}} = E_o \frac{E_o}{R} T \tag{2.55}$$

であり，連続モード動作と不連続モード動作の境界では $I_L = \Delta i_L$ が成立するので，式 (2.52)，(2.54) を用いると

$$\frac{E_o}{R} = \frac{E_o}{2L}(1-D)^2 T \tag{2.56}$$

の関係が得られる．すなわち，バックブーストコンバータは

$$L > \frac{R}{2}(1-D)^2 T \tag{2.57}$$

の条件が成立するとき，連続モードで動作する．逆に，回路定数および動作条件が式 (2.57) を満たさない場合には不連続モード動作となり，そのときの電圧，電流波形は図 2.15 のようになる．ただし，$D_d T$ は T_{on} からダイオード D が導通する期間である．L の電圧時間積は，図 2.15 の v_L を参考にすると

$$\int_0^T v_L dt = E_d DT + (-E_o) D_d T = 0 \tag{2.58}$$

となる．したがって，出力電圧 E_o は

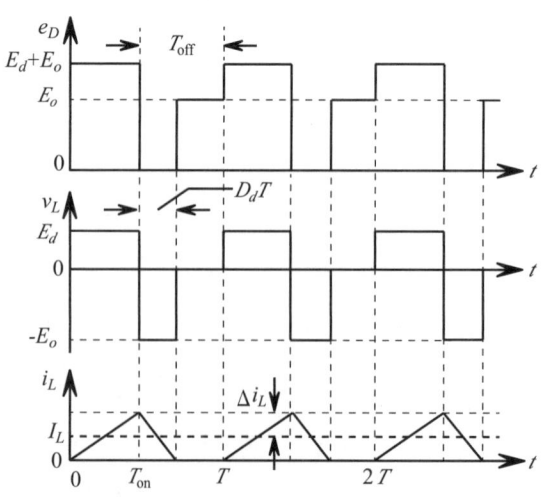

図2.15 バックブーストコンバータの動作波形
(不連続モード動作)

$$E_o = \frac{D}{D_d} E_d \tag{2.59}$$

のように与えられる．また，不連続モード動作時のリアクトル電流のピークリプル Δi_L は，図 2.15 より以下のようになる．

$$\Delta i_L = \frac{E_d}{2L} DT = \frac{E_o}{2L} D_d T \tag{2.60}$$

以上で導出した基本的な DC–DC コンバータの連続モード動作における特性と条件をまとめると表 2.1 のようになる．

2.5 その他の DC–DC コンバータ

前節までに説明した3つの DC–DC コンバータは，最も基本的なコンバータである．これらの2つを電力用半導体スイッチが1つになるように組み合わせると昇降圧特性を持つ **Cuk コンバータ**（Cuk converter），**Sepic**（single-ended primary inductor converter），**Zeta コンバータ**（Zeta converter）と呼ばれる DC–DC コンバータが得られる．具体的には，それぞれ，Cuk コンバータはブーストコンバータとバックコンバータ，Sepic はブーストコンバータとバックブーストコンバータ，Zeta コンバータはバックブーストコンバータとバックコンバータの組み合わせが基礎になっており，リアクトルだけでなくコンデンサもエネルギー蓄積・移送要素として用いる点に特徴がある．これらのコンバータの詳細な動作説明は省略する．簡単のため，リアクトル L_1, L_2 およびコンデンサ C_1, C_2 が十分大きく，リアクトル電流 i_{L1}, i_{L2}, コンデンサ電圧 e_C, e_o はそれぞれ一定値 I_{L1}, I_{L2}, E_C, E_o であると仮定したとき，図 2.16〜2.18 と式（2.9）および（2.13）より，入出力の電圧，電流の関係は次のように

表 2.1 連続モード動作の特性と条件

$E_o, \Delta i_L, L$	出力電圧 E_o	ピークリプル Δi_L	リアクトル L
バックコンバータ	DE_d	$\dfrac{E_d - E_o}{2L} DT$	$L > \dfrac{R}{2}(1-D)T$
ブーストコンバータ	$\dfrac{1}{1-D} E_d$	$\dfrac{E_d}{2L} DT$	$L > \dfrac{R}{2} D(1-D)^2 T$
バックブーストコンバータ	$\dfrac{D}{1-D} E_d$	$\dfrac{E_d}{2L} DT$	$L > \dfrac{R}{2}(1-D)^2 T$

なる．

① Cuk コンバータ

$$E_C = \frac{E_d}{1-D} \tag{2.61}$$

$$E_o = DE_C = \frac{D}{1-D} E_d \tag{2.62}$$

$$I_{L1} = \frac{D}{1-D} I_{L2} = \frac{D^2}{(1-D)^2} \frac{E_d}{R} \tag{2.63}$$

$$I_{L2} = \frac{E_o}{R} = \frac{D}{1-D} \frac{E_d}{R} \tag{2.64}$$

② Sepic

$$E_C = \frac{1-D}{D} E_o = E_d \tag{2.65}$$

$$E_o = \frac{1}{1-D} E_d - E_C = \frac{D}{1-D} E_d \tag{2.66}$$

$$I_{L1} = \frac{D}{1-D} I_{L2} = \frac{D^2}{(1-D)^2} \frac{E_d}{R} \tag{2.67}$$

$$I_{L2} = \frac{E_o}{R} = \frac{D}{1-D} \frac{E_d}{R} \tag{2.68}$$

③ Zeta コンバータ

$$E_C = \frac{D}{1-D} E_d \tag{2.69}$$

$$E_o = D(E_d + E_C) = \frac{D}{1-D} E_d = E_C \tag{2.70}$$

$$I_{L1} = \frac{D}{1-D} I_{L2} = \frac{D^2}{(1-D)^2} \frac{E_d}{R} \tag{2.71}$$

$$I_{L2} = \frac{E_o}{R} = \frac{D}{1-D} \frac{E_d}{R} \tag{2.72}$$

以上で得られた出力電圧特性（D に対する E_o）は理想的な状態の下での特性である．ただし，実際にはデューティ比が1に近づくにしたがって，電力用

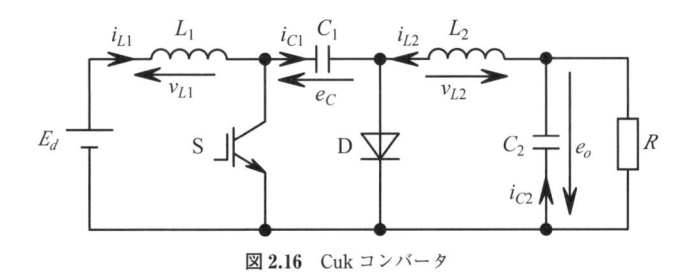

2.5 その他の DC–DC コンバータ

図 2.16 Cuk コンバータ

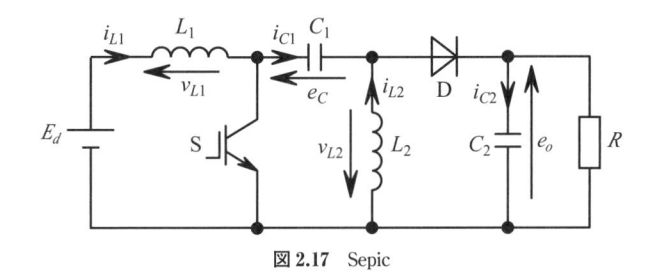

図 2.17 Sepic

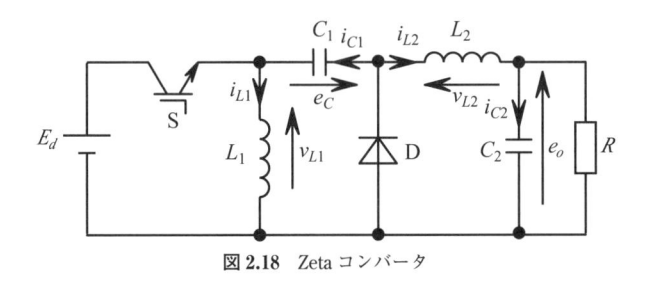

図 2.18 Zeta コンバータ

半導体スイッチおよびダイオードの順方向電圧降下に起因する損失，スイッチング損失などが増加し，バックコンバータ以外では理想的な特性からのずれが大きくなることに注意しなければならない．なお，それぞれ，バックコンバータとブーストコンバータ，バックブーストコンバータと Cuk コンバータ，Sepic と Zeta コンバータの間には**双対性**（duality）が成り立っている．これは，たとえば，図 2.3 に示したバックコンバータの電圧源を（等価）電流源へ，直列接続スイッチを並列接続スイッチへ，並列接続ダイオードを直列接続ダイオードへ，直列接続リアクトルを並列接続コンデンサへ置換することによって図 2.7 のブーストコンバータが得られることを意味する．

2.6 共振スイッチコンバータ

スイッチモードコンバータは，一般に電力用半導体スイッチの di/dt，dv/dt が大きいために EMI（electromagnetic interference）を発生し，スイッチング周波数を高くするとスイッチング損失が増大する．これに対し，スイッチモードコンバータのスイッチを LC 共振を含むスイッチセルで置き換えた**共振スイッチコンバータ**（resonant-switch converter）は，スイッチが零電流あるいは零電圧でスイッチングされるので，上記欠点が軽減され高周波動作が可能になる．スイッチが零電流，零電圧でターンオン・ターンオフするスイッチング動作をそれぞれ**零電流スイッチング**（**ZCS**：zero-current switching）および**零電圧スイッチング**（**ZVS**：zero-voltage switching）といい，これらを総称して**ソフトスイッチング**と呼ぶことがある．また，共振スイッチコンバータの出力は原理的にはスイッチング周波数を制御する PFM（パルス周波数変調）で調整されるが，PWM が適用可能な構成もある．本節では，ZCS あるいは ZVS で動作する共振スイッチコンバータの基本的な構成とその原理を説明する．

2.6.1 ZCS 共振スイッチコンバータ

図 2.19 は，図 2.3 のバックコンバータのスイッチ S を共振スイッチ化した，それぞれ半波形（half-wave；(a)）と全波形（full-wave；(b)）の **ZCS 共振スイッチコンバータ**である．他のスイッチモード DC-DC コンバータにおいても同じような共振スイッチ化が可能であるが，簡単のためここでは省略する．図のように，ZCS 共振スイッチコンバータでは共振用リアクトル L_r がスイッチと直列に接続され，L_r と共振用コンデンサ C_r の共振によって流れる正弦波状のリアクトル電流が 0 のとき，スイッチはターンオン・ターンオフされる．また，半波形と全波形はスイッチに流れる電流が半波か全波かによって分類される．半波形ではダイオード D_r によって共振電流 i_r の逆流が阻止されるので $i_r \geq 0$ であるのに対し，全波形のときには i_r がスイッチと逆並列に接続されたダイオード D_r を通って逆方向にも流れる．

いま，低域通過フィルタの L が十分大きく，これに流れる電流 i_L が一定値 I_L であると仮定すると，低域通過フィルタと負荷回路は大きさ I_L の等価電流源で置き換えることができるので，1 スイッチング周期における等価回路は図

2.6 共振スイッチコンバータ

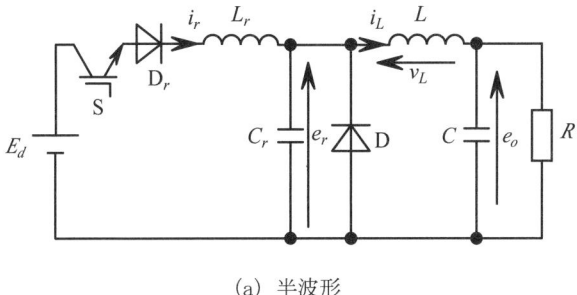

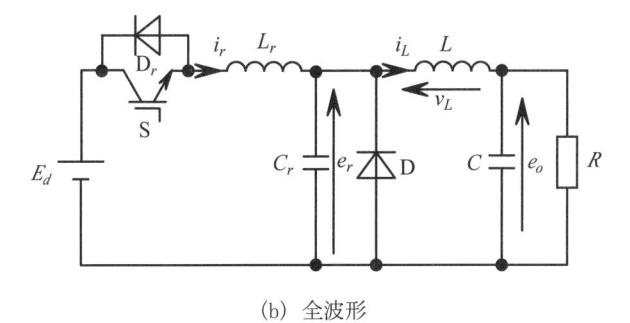

(a) 半波形

(b) 全波形

図 2.19 ZCS 共振スイッチコンバータ

2.20 のように表される．また，定常状態の動作波形は図 2.19 (a)，(b) に対してそれぞれ図 2.21 および図 2.22 のようになる．ただし，$t=0$ 以前は I_L がダイオード D を通って環流しているものとする．したがって，このときのコンデンサ電圧 e_r は 0 である．

(1) モード 1 $(0 \sim t_1)$

$t=0$ においてスイッチ S が ZCS でターンオンされると，図 2.20 (a) からわかるように，i_r が I_L より小さい間はダイオード D が導通しているので

$$L_r \frac{di_r}{dt} = E_d \tag{2.73}$$

が成立する．このとき，i_r の初期値は 0 であるから

$$i_r = \frac{E_d}{L_r} t \tag{2.74}$$

となって，i_r は直線的に上昇する．ただし，D がオン状態にあるので e_r は 0 で

(a) (b)

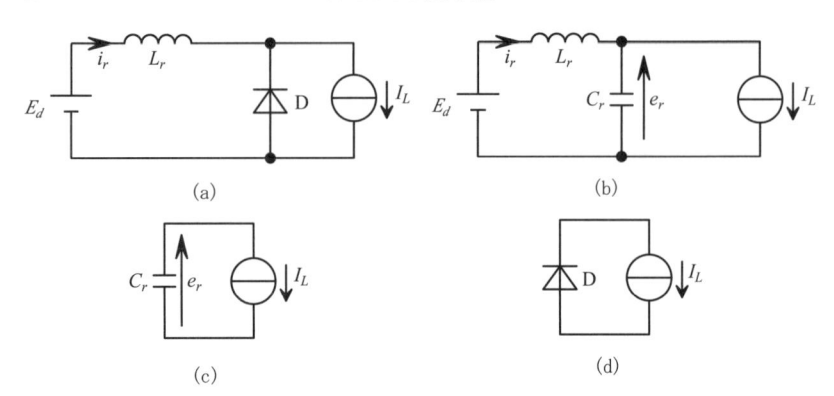

(c) (d)

図 2.20 ZCS 共振スイッチコンバータの等価回路

ある．i_r が I_L に達すると D はターンオフし図 2.20（b）のモードへ移る．$i_r = I_L$ になる時刻を t_1 とすると，t_1 は式（2.74）から次式で与えられる．

$$t_1 = \frac{I_L L_r}{E_d} \tag{2.75}$$

(2) モード 2（$t_1 \sim t_2$）

図 2.20（b）の状態では，L_r，C_r が直列接続された**共振回路**が形成され，

$$L_r \frac{di_r}{dt} = E_d - e_r \tag{2.76}$$

$$C_r \frac{de_r}{dt} = i_r - I_L \tag{2.77}$$

が成り立つ．このモードの初期条件は $i_r(t_1) = I_L$，$e_r(t_1) = 0$ であるので，共振角周波数 ω_o，特性インピーダンス Z_o をそれぞれ

$$\omega_o = \frac{1}{\sqrt{L_r C_r}} \quad (2.78)$$

$$Z_o = \sqrt{\frac{L_r}{C_r}} \quad (2.79)$$

として式（2.76），（2.77）を解くと

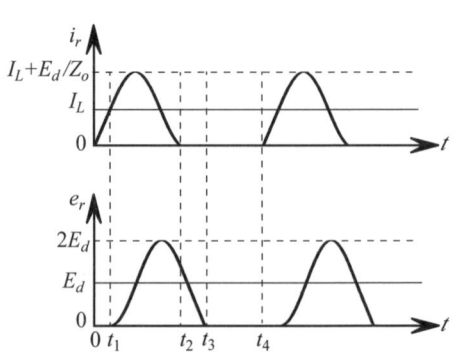

図 2.21 ZCS 共振スイッチコンバータの動作波形（半波形）

2.6 共振スイッチコンバータ

$$i_r = I_L + \frac{E_d}{Z_o} \sin \omega_o (t - t_1) \tag{2.80}$$

$$e_r = E_d - E_d \cos \omega_o (t - t_1) \tag{2.81}$$

が求まる．図 2.21 および 2.22 からわかるように，半波形では i_r の反転が D_r によって阻止されるのに対し，全波形では S と逆並列に接続された D_r を通って i_r は電源へ反転逆流する．半波形では

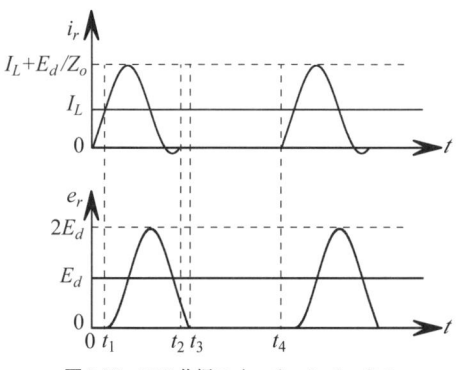

図 2.22 ZCS 共振スイッチコンバータの動作波形（全波形）

i_r が 0 になったのち，全波形では i_r が反転している間に S は ZCS でターンオフされる．共振が終了する時刻を t_2 とすると，$t = t_2$ で $i_r = 0$ となるので，式 (2.80) より

$$I_L + \frac{E_d}{Z_o} \sin \omega_o (t_2 - t_1) = 0 \tag{2.82}$$

が成立し，半波形では $\pi < \omega_o (t_2 - t_1) < 3\pi/2$ であるので，

$$t_2 = t_1 + \frac{\pi}{\omega_o} + \frac{1}{\omega_o} \sin^{-1} \frac{Z_o I_L}{E_d} \tag{2.83}$$

全波形においては $3\pi/2 < \omega_o (t_2 - t_1) < 2\pi$ であるので，

$$t_2 = t_1 + \frac{2\pi}{\omega_o} - \frac{1}{\omega_o} \sin^{-1} \frac{Z_o I_L}{E_d} \tag{2.84}$$

となる．このような共振状態が終了すると流れる電流は I_L のみとなり，図 2.20 (c) のモードへ移行する．

(3) モード 3 ($t_2 \sim t_3$)

図 2.20 (c) のモードでは一定電流 I_L が流れることによって C_r が放電する．このとき，

$$C_r \frac{de_r}{dt} = -I_L \tag{2.85}$$

が成り立つので，

$$e_r = e_r(t_2) - \frac{I_L}{C_r}(t - t_2) \tag{2.86}$$

となり，e_r は直線的に減少する．ただし，$e_r(t_2)$ はこのモードでの e_r の初期値を意味し，i_r は 0 である．e_r が 0 まで減少するとダイオード D がターンオンし，コンバータは図 2.20 (d) に示す次のモードで動作する．$t = t_3$ で e_r が 0 になるとすると，t_3 は式 (2.86) より次式で与えられる．

$$t_3 = t_2 + \frac{C_r}{I_L} e_r(t_2) \tag{2.87}$$

(4) モード 4 $(t_3 \sim t_4)$

t_3 から次にスイッチ S がターンオンされる t_4 までは図 2.20 (d) のように I_L は D を通って環流し，このとき i_r, e_r は 0 である．

ところで，$t = t_2$ で i_r が 0 になると仮定した．$-1 < \sin \omega_o(t_2 - t_1) < 0$ であることを考慮すると，この仮定が成立するためには，式 (2.82) から

$$I_L < \frac{E_d}{Z_o} \tag{2.88}$$

でなければならない．したがって，式 (2.88) が ZCS の条件となる．また，電源 E_d あるいは C_r から負荷へエネルギーが供給されるのは t_3 までであり，t_4-t_3 を変えることによって出力電圧が調整可能となる．換言すれば，$1/t_4$ がスイッチング周波数 f_s に相当するので，出力電圧を調整するためには f_s を制御する必要がある．なお，式 (2.80) より i_r のピーク値は $I_L + E_d/Z_o$ であるので，一般にスイッチモードコンバータに比較して電流ストレスが大きくなることに注意しなければならない．

2.6.2 ZVS 共振スイッチコンバータ

ZVS 共振スイッチコンバータでは，共振用コンデンサ C_r がスイッチと並列に接続され，共振用リアクトル L_r と C_r によって生じる正弦波状のコンデンサ電圧が 0 のときスイッチはターンオン・ターンオフされる．図 2.7 のブーストコンバータのスイッチ S を共振スイッチ化した半波形と全波形の ZVS 共振スイッチコンバータを図 2.23 (a) および (b) に示す．このとき，半波形と全波形はスイッチに印加される電圧が半波か全波かによって分類される．半波形では共振電流 i_r がスイッチと逆並列に接続されたダイオード D_r を通って流れ

2.6 共振スイッチコンバータ

ることにより $e_r \geq 0$ であるのに対し，全波形のときはこのような電流ループがないので e_r は逆極性にも充電される．このとき，D_r はスイッチに逆極性のコンデンサ電圧 e_r が印加されるのを阻止する．図 2.23 の L および C が十分大きいと仮定すると，L を含む電源と負荷回路は各々大きさ I_L の等価電流源および大きさ E_o の等価電圧源で置き換えることができ，1 スイッチング周期における等価回路は図 2.24 で表される．また，定常状態の動作波形は図 2.23 (a)，(b) に対してそれぞれ図 2.25 および図 2.26 のようになる．ただし，$t=0$ 以前は I_L が S を通って流れ，ダイオード D はオフ状態にあるとする．このとき，$i_r = e_r = 0$ である．

(1) モード1 $(0 \sim t_1)$

$t=0$ においてスイッチ S が ZVS でターンオフされると，図 2.24 (a) の等価回路から，C_r は I_L で充電され

$$C_r \frac{de_r}{dt} = I_L \tag{2.89}$$

が成立する．このとき，e_r の初期値は 0 であるので，

$$e_r = \frac{I_L}{C_r} t \tag{2.90}$$

となって，e_r は直線的に上昇する．ただし，$e_r < E_o$ の間はダイオード D がオフのため i_r は 0 である．e_r が E_o に達すると D は順バイアスされてターンオンし図 2.24 (b) のモードへ移る．$e_r = E_o$ になる時刻を t_1 とすると，t_1 は式 (2.90) から次式で与えられる．

$$t_1 = \frac{C_r E_o}{I_L} \tag{2.91}$$

(2) モード2 $(t_1 \sim t_2)$

図 2.24 (b) の状態では，L_r，C_r によって共振回路が形成され，

$$C_r \frac{de_r}{dt} = I_L - i_r \tag{2.92}$$

$$L_r \frac{di_r}{dt} = e_r - E_o \tag{2.93}$$

が成立する．このモードの初期条件は $e_r(t_1) = E_o$，$i_r(t_1) = 0$ であるので，式

(a) 半波形

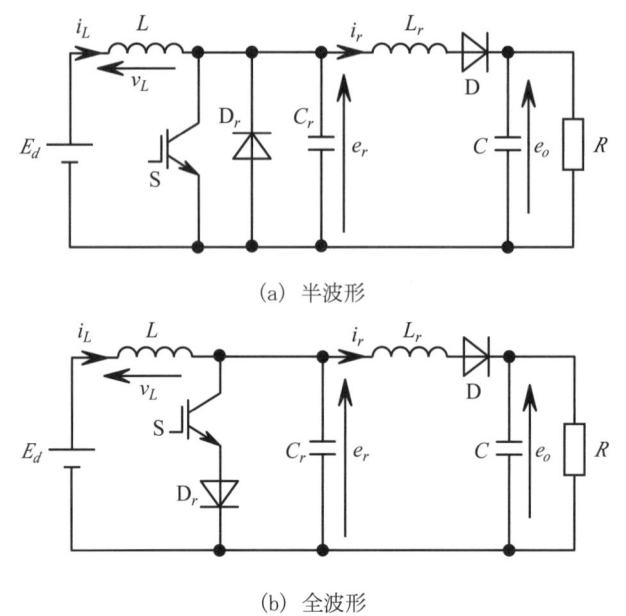

(b) 全波形

図 2.23 ZVS 共振スイッチコンバータ

(a)

(b)

(c)

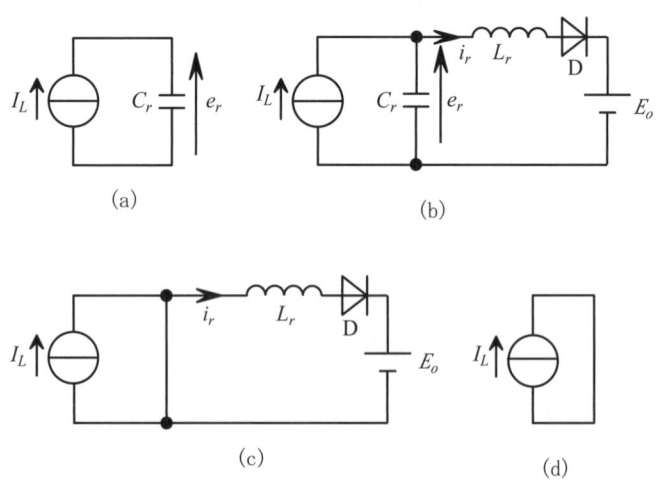

(d)

図 2.24 ZVS 共振スイッチコンバータの等価回路

(2.92), (2.93) を解くと, 式 (2.78), (2.79) に示した ω_o, Z_o を用いて

$$e_r = E_o + Z_o I_L \sin \omega_o (t - t_1) \quad (2.94)$$
$$i_r = I_L - I_L \cos \omega_o (t - t_1) \quad (2.95)$$

が求まる. 図 2.25 および図 2.26 に示すように, 半波形では e_r が反転しようとすると D_r が導通し e_r が 0 となるのに対し, 全波形では i_r が C_r に流れて e_r が反転する. 半波形では e_r が 0 になったのち, 全波形では e_r が反転している間に S は ZVS でターンオンされる. 共振が終了する時刻を t_2 とすると $t = t_2$ で $e_r = 0$ となるので, 式 (2.94) より

$$E_o + Z_o I_L \sin \omega_o (t_2 - t_1) = 0 \quad (2.96)$$

が成立し, 半波形では $\pi < \omega_o (t_2 - t_1) < 3\pi/2$ であるので

図 2.25 ZVS 共振スイッチコンバータの動作波形 (半波形)

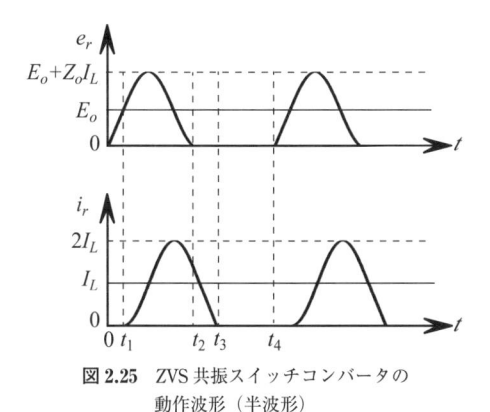

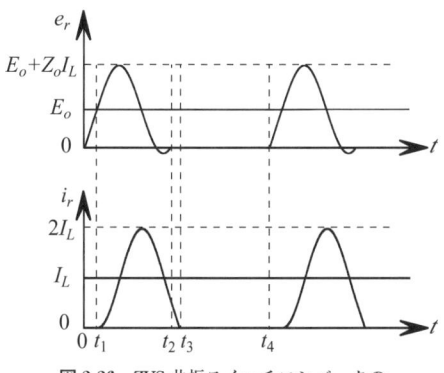

図 2.26 ZVS 共振スイッチコンバータの動作波形 (全波形)

$$t_2 = t_1 + \frac{\pi}{\omega_o} + \frac{1}{\omega_o} \sin^{-1} \frac{E_o}{Z_o I_L} \quad (2.97)$$

全波形においては $3\pi/2 < \omega_o (t_2 - t_1) < 2\pi$ であるので

$$t_2 = t_1 + \frac{2\pi}{\omega_o} - \frac{1}{\omega_o} \sin^{-1} \frac{E_o}{Z_o I_L} \quad (2.98)$$

となる. $t = t_2$ で共振状態が終了すると, 電流源 I_L が短絡されて図 2.24 (c) のモードへ移行する.

(3) モード 3 ($t_2 \sim t_3$)

図 2.24 (c) のモードでは i_r が流れることによって L_r が放電する. ただし図

のように電流源I_Lが短絡されるのは，図2.23 (a) の半波形では$i_r > I_L$のときD_rに$i_r - I_L$，$i_r < I_L$のときSに$I_L - i_r$の電流が流れ，図2.23 (b) の全波形ではS，D_rに$I_L - i_r$の電流が流れるためである．このとき，

$$L_r \frac{di_r}{dt} = -E_o \tag{2.99}$$

が成り立つので

$$i_r = i_r(t_2) - \frac{E_o}{L_r}(t - t_2) \tag{2.100}$$

となり，i_rは直線的に減少する．ただし，$i_r(t_2)$はこのモードでのi_rの初期値であり，e_rは0である．i_rが0まで減少するとダイオードDがターンオフし図2.24 (d) に示す次のモードで動作する．$t = t_3$でi_rが0になるとすると，t_3は式 (2.100) より

$$t_3 = t_2 + \frac{L_r}{E_o} i_r(t_2) \tag{2.101}$$

で与えられる．

(4) モード4 ($t_3 \sim t_4$)

t_3から次にスイッチSがターンオフされるt_4までは図2.24 (d) のようにI_LはSを通って流れ続ける．このとき，e_r，i_rは0である．

図2.23のコンバータがZVSでターンオン・ターンオフするためには，ZCS共振スイッチコンバータの場合と同様に$-1 < \sin \omega_o(t_2 - t_1) < 0$であることを考慮すると，式 (2.94) から

$$E_o < Z_o I_L \tag{2.102}$$

でなければならない．また，出力電圧を調整するためにスイッチング周波数を制御する必要があることはZCS共振スイッチコンバータと同じであるが，ZCS共振スイッチコンバータではスイッチング周波数が高くなるほどオフ時間が短くなるので出力電圧が上昇するのに対し，ZVS共振スイッチコンバータではスイッチング周波数が高くなるほどオン時間が短くなるので出力電圧は低下する．一方，式 (2.94) よりe_rのピーク値は$E_o + Z_o I_L$であるので，ZVS共振スイッチコンバータではスイッチモードコンバータに比較して一般に電圧ストレスが大きくなる．

なお，図2.3のバックコンバータと図2.7のブーストコンバータの間に双対性が成立しているのと同様に，図2.19のZCS共振スイッチコンバータと図2.23のZVS共振スイッチコンバータは双対の関係にある．

【例題 2.1】 本章では簡単のためDC-DCコンバータの出力電圧は一定と仮定したが，実際にはコンデンサは充放電を繰り返すので，その端子電圧は脈動する．図2.7に示したブーストコンバータの出力電圧の脈動に対する負荷抵抗，コンデンサ容量およびスイッチング周波数の影響を検討せよ．

【解答】 ダイオードDに流れる電流を i_D とし，簡単のため i_D の脈動成分はコンデンサを通って流れ，負荷抵抗には i_D の平均値が流れるものと仮定すると， i_D と e_o の波形は図2.27のようになる．ただし，i_D の平均値 I_D は E_o/R であり，図のようにSオンおよびSオフのときのコンデンサ電荷の変化分 Δq は等しい．図2.27より，e_o の脈動の振幅 Δe_o は

$$\Delta e_o = \frac{\Delta q}{C} = \frac{I_D T_{on}}{C} = \frac{E_o DT}{CR} \quad (2.103)$$

で与えられる．$1/T$ がスイッチング周波数 f_s に等しいことを考慮すると，式(2.103)は

$$\frac{\Delta e_o}{E_o} = \frac{D}{CR f_s} \quad (2.104)$$

となる．式(2.104)から，出力電圧の脈動は R の減少に伴って大きくなるが，C が大きく，あるいは f_s が高くなるほど小さくなる．また，スイッチング周波数を高く設定すればコンデンサは小型化できることがわかる．

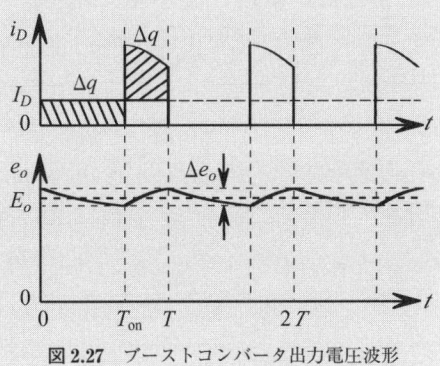

図2.27 ブーストコンバータ出力電圧波形

演習問題

2.1 図2.28は，図2.3に示したバックコンバータのコンデンサCを取り除いたコンバータである．Lを負荷に含むものとして，負荷電圧の平均値 E_o をデューティ比 D を用いて求めよ．

2.2 式(2.16)，(2.18)より，バックコンバータの入出力電圧の関係を求めよ．また式(2.13)を用いて i_L の平均値 I_L を求めよ．

2.3 図2.11のコンバータにおいて，S_2 をオフとし，S_1 に PWM を適用した．S_1 オンのときに増加するリアクトルのエネルギーが S_1 オフのときに E_{d2} へ移送される．これを式で表し，E_{d1} と E_{d2} の関係を求めよ．

2.4 図2.29のスイッチ S に PWM を適用したとき，電流源からみた等価抵抗 r をデューティ比 D と抵抗 R を用いて表せ．

2.5 図2.3に示したデューティ比 D で動作するバックコンバータを n 個縦続接続したとき，入出力電圧の関係を求めよ．

2.6 図2.30に示すスイッチ S_1, S_2 の組み合わせによりどのような DC-DC 変換動作が可能か検討せよ．

2.7 図2.16に示した Cuk コンバータはリアクトルを1つにまとめることができる．この回路構成を示せ．

2.8 式(2.9)と式(2.13)を用いて，(a) Cuk コンバータ，(b) Sepic, (c) Zeta コンバータの入出力の電圧，電流を示した式 (2.61)~(2.64)，式(2.65)~(2.68)，式(2.69)~(2.72)を求めよ．ただし，簡単のため，リアクトル電流 i_{L1}, i_{L2}, コンデンサ電圧 e_C, e_o はそれぞれ一定値 I_{L1}, I_{L2}, E_C, E_o であるとする．

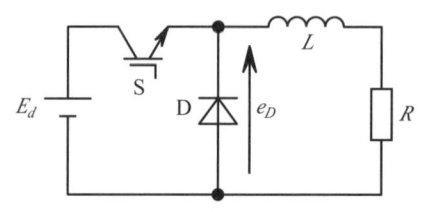

図 2.28　出力端コンデンサのないバックコンバータ

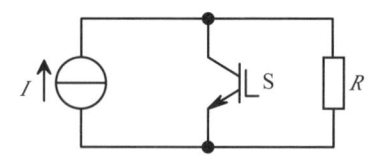

図 2.29　スイッチによる抵抗の調整

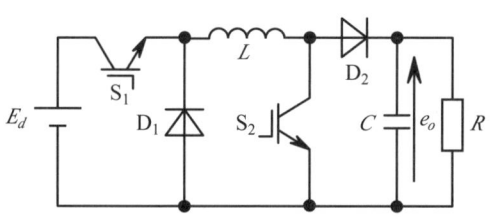

図 2.30　スイッチを組み合わせたコンバータ

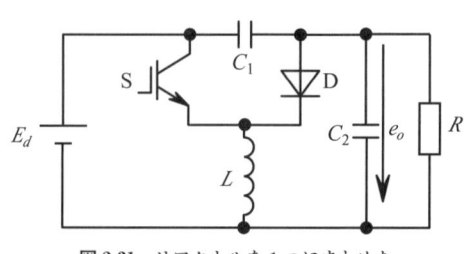

図 2.31　リアクトルを1つにまとめた Cuk コンバータ

解 答

2.1 S オンのとき $e_D=E_d$, S オフのとき $e_D=0$ であり, e_D の平均値を E_D とすると,
$$E_o=E_D=DE_d$$

2.2 定常状態では動作の周期性より $i_L(0)=i_L(T)$ が成立するので,
$$E_o=DE_d$$
C に流入する電流 i_C は $i_C=i_L-E_o/R$ であるので,
$$I_L=\frac{E_o}{R}$$

2.3 リアクトルに流れる電流が i_L のとき, 蓄積されるエネルギーが $Li_L^2/2$ であることを考慮すると,
$$E_{d1}I_LT_{on}=(E_{d2}-E_{d1})I_LT_{off}, \quad E_{d2}=\frac{1}{1-D}E_{d1}$$

2.4 R の端子電圧 e_R は S オンのとき 0, S オフのとき RI であるので,
$$r=\frac{E_R}{I}=(1-D)R$$

2.5 縦続接続はカスケード接続 (cascade connection) とも呼ばれ, 一般に, あるコンバータの出力電圧を次のコンバータの入力電圧とする接続法である. したがって,
$$E_o=D^nE_d$$

2.6 S_2 オフで S_1 をオンオフ制御したとき, S_1 オンで S_2 をオンオフ制御したとき, S_1, S_2 を同時にオンオフ制御したときの動作を考えればよい. S_2 オフで S_1 をオンオフ制御したときにはバック動作, S_1 オンで S_2 をオンオフ制御したときにはブースト動作, S_1, S_2 を同時にオンオフ制御したときにはバックブースト動作が可能になる.

2.7 電流 i_{L1}, i_{L2} が流れる経路を考えれば, 図 2.31 のようになる.

2.8 式 (2.9) と式 (2.13) より, スイッチ S のオンおよびオフ時の動作を考えれば各コンバータで 4 個の方程式が成立し, これを解けば, (a) Cuk コンバータ:式 (2.61)〜(2.64), (b) Sepic:式 (2.65)〜(2.68), (c) Zeta コンバータ:式 (2.69)〜(2.72) が得られる.

Tea Time

異音同義語？

　同じ，あるいはほとんど同じ物や事柄であっても，異なる呼び方をされるケースが多々ある．代表的なものとして，リアクトル（reactor）とインダクタ（inductor），コンデンサ（condenser）とキャパシタ（capacitor）などがあるが，本章のDC-DCコンバータとチョッパもその一例である．逆に，"commutation"のように「整流」を意味するのか「転流」を意味するのかを前後の文章から判断しなければならないケースもある．

3 DC-AC 変換装置

　直流電力を交流電力に変換する装置を**インバータ**（inverter）または逆変換装置という．直流電源が電圧源のインバータを電圧形インバータ，電流源のインバータを電流形インバータと呼ぶが，現状は電圧形インバータが主流となっている．インバータ変換後の交流の周波数や振幅を調整することで，産業用可変速駆動装置や電力系統における周波数変換装置など，さまざまな製品に応用されている．

　インバータはパワーエレクトロニクスの中核をなす技術である．本章では単相電圧形インバータを主に説明し，次に交流電動機駆動装置の基本となる三相電圧形インバータの動作原理について説明する．また，その原理は前章のDC-DC変換装置で学んだバックコンバータとブーストコンバータの組合せで実現できることを示す．

3.1　インバータ動作の条件

　インバータ動作にあたり，直流側と交流側の電気的特性を満足させて電力変換を行うため，原理的に考慮しなければならない諸条件をまとめる．

(1) 交流の条件

　交流では電圧と電流に位相差が生じ電力が負となる期間があるため，有効電力 P と無効電力 Q が生じる．一方で直流では電力は常に一方向で無効電力は生じない．したがって有効電力の授受は直流側，交流側双方で行われるが，無効電力は交流側でのみ処理しなくてはならない．すなわち交流側では電圧と電流の向きが異なる回路を確保することが必要となる．

　直流側と交流側の双方に電力源があり双方向の電力授受を行う場合には有効電力と無効電力がそれぞれ双方向になるような4象限運転が必要となる．

(2) スイッチング素子からくる条件

　前章と同様に原理的に変換器で損失を生じないためには電力用半導体素子を

スイッチング素子として使用することとなる．スイッチング素子はオンとオフの2通りの状態があり，オンで直流側電圧を交流側に与え，オフで交流側との接続を遮断する．出力の調整はこのオン・オフの組合せで行う．また直流側は電圧または電流が一定であるのに対し，交流側は正弦波状の電流または電圧を必要とする場合が普通であるので，一定値から正弦波を作成する方策が必要となる．

(3) 電流の転流条件

スイッチング素子が接続される回路には一般にインダクタンス成分が含まれるか，意図的でなくともインダクタンス成分が存在する．この場合，電流値でエネルギーを保持しているため電流経路を遮断することはできない．すなわちスイッチング素子をオフするにあたっては回路のインダクタンス成分が持つエネルギーを処理する必要がある．

3.2 電圧形インバータ

3.2.1 インバータ回路とその動作

直流電源が電圧源のインバータを**電圧形インバータ**（VSI：voltage source inverter）という．現在，産業界では電圧形インバータが広く使用されている．

本方式の場合，直流電圧方向が一定なので電力の授受は直流電流の方向を変えることで行う．すなわち正電流で交流側への電力供給，負電流で交流側からの電力受取を行う必要がある．また遅れ電流や進み電流を流し交流状態を実現するためにはスイッチング素子は双方向の流れを可能とするものでなければならない．しかし現実には単一素子で双方向の動作を実現するものが存在しないため図3.1のように正電流を自励式スイッチング素子で，負電流を自励式スイッチング素子と逆並列に挿入されたダイオードで処理する素子構成が一般的である．このダイオードは**帰還ダイオード**（feedback diode）と呼ばれる．

図3.1 (a) の電圧形インバータの基本回路を，(b) の各部波形，(c) の回路状態とともに説明する．図3.1 (b) のように出力が単相交流であるインバータを**単相インバータ**という．ここで負荷は LR 直列回路としている．スイッチング素子はIGBTとダイオードを逆並列に接続し双方向の流れを実現している．この組合せは**アーム**と呼ばれ，アームを縦方向に連結したものを**レグ**と呼

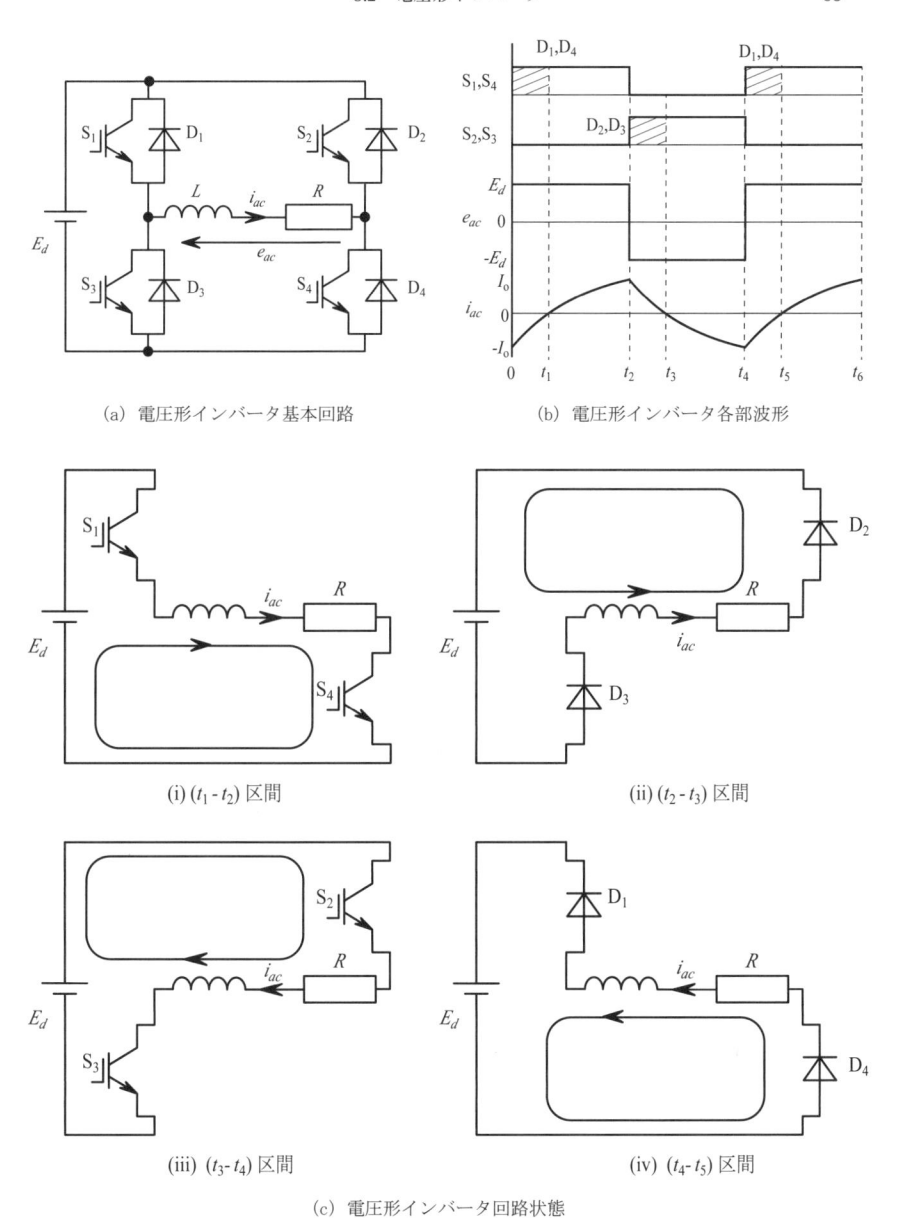

3.2 電圧形インバータ

(a) 電圧形インバータ基本回路

(b) 電圧形インバータ各部波形

(i) (t_1-t_2) 区間

(ii) (t_2-t_3) 区間

(iii) (t_3-t_4) 区間

(iv) (t_4-t_5) 区間

(c) 電圧形インバータ回路状態

図 3.1 電圧形インバータ回路

んでいる．電圧形インバータでは，上下アームを同時にオンすると電源短絡を引き起こし回路が破損するため，決して行ってはならない．このため，実際の回路では1つのレグにおいてオンしている素子がオフしてから一定の期間後にオフしていた素子がオンするようになっており，この期間を**デッドタイム**と呼ぶ．本章では簡単のため解析上はデッドタイムは考慮せずに考えることとする．またスイッチング素子にオン信号を与えても回路状態によっては直ちにオン状態にはならないことがあることに留意する必要がある．

いま，定常状態を考え $(0-t_2)$ 区間で S_1 と S_4 にオン信号が，(t_2-t_4) 区間で S_2 と S_3 にオン信号が与えられているとする．(t_1-t_2) 区間では交流側には直流電圧 E が加わり，電流は増加する．時刻 t_2 で S_1 と S_4 をオフすると同時に S_2 と S_3 にオン信号を与えるが，L にはこのときの電流によるエネルギーがあり，同じ方向の電流を流し続けようとするため，$i_{ac}>0$ の区間では，S_2, S_3 はオンできず D_2 と D_3 がオンする．したがって i_{ac} は直流電圧と逆極性となり急激に減少する．時刻 t_3 となると，S_2, S_3 が順バイアスとなってオン状態となり，逆に D_2, D_3 はオフする．この時刻より電流は D_2, D_3 から S_2, S_3 へ転流する．その後，時刻 t_4 で S_1, S_4 にオン信号が加えられる．この際も電流の極性により，まず D_1, D_4 がオンとなり電流は負から正方向に増加する．時刻 t_5 で電流の極性が切り替わり，S_1, S_4 がオンの状態に戻ることで1周期が経過する．

ここで電流波形を導出するため，時刻 t_1 での電流を0とおいて電圧方程式を導出すれば，

$$L\frac{di_{ac}}{dt} + Ri_{ac} = E_d \tag{3.1}$$

となり，$i_{ac}(t_1) = 0$ を代入すれば

$$i_{ac} = \frac{E_d}{R}(1 - \varepsilon^{-\frac{R}{L}t}) \tag{3.2}$$

となる．ここでは t_1 からの時間を t としている．

時刻 t_2 では，電圧の極性が入れ替わるため電圧方程式は

$$L\frac{di_{ac}}{dt} + Ri_{ac} = -E_d \tag{3.3}$$

となり，$i_{ac}(t_2) = I_0$ とすれば

$$i_{ac} = -\frac{E_d}{R}(1 - \varepsilon^{-\frac{R}{L}t}) + I_0 \varepsilon^{-\frac{R}{L}t} \qquad (3.4)$$

が導出される．この場合も計算を簡単にするため t_2 からの時間を改めて t として解析している．

3.2.2 交流電圧波形の制御

前節で電圧形インバータの基本的な動作を説明したが，さらにスイッチング素子のオン・オフを制御すると交流電圧波形の制御が可能となる．

(1) コンバータによる双方向電力授受回路の電圧形インバータへの拡張

前章でバックコンバータとブーストコンバータを組み合わせた双方向パワーフローが可能なコンバータ回路を示した（図2.11）．図3.2（a）に同様の回路を示す．ここではアームを2つ縦に並べた1レグで考える．また，図中の記号は改めてインバータの説明用に変更している．

いま，図3.2（b）に示されているように，S_1 をオン，S_2 をオフすると，電源 E_{d1} から負荷に電力が供給される．この状態で S_1 をオフすると負荷電流 i_{ac} は D_2 にて還流する（図3.2（c））．この期間は直流電源と負荷とは切り離されているため電源での電力消費は起こらない．

次に図3.2（d）に示されているように，S_1 をオフ，S_2 をオンした状態を考える．この場合，負荷電流 i_{ac} の極性は負となり，回路のインダクタンス L に電源 E_{d2} の持つエネルギーが蓄えられる．ここで S_2 をオフすると図3.2（e）で示されるように L のエネルギーは電源 E_{d1} に回生される．これは3.2.1項で記述した電源 E_d と電流 i_{ac} の極性が異なった際のインバータ動作に他ならない．このように DC-DC 変換回路の考え方はインバータにも拡張できることがわかる．図3.1に示されるインバータ回路は図3.2の回路を2レグに拡張したものと等価となり，ここで示した還流状態を付加することで交流電圧波形を制御することができる．

(2) 零電圧の形成

3.2.1項で説明したインバータの基本動作を拡張し，交流電圧波形を制御するため，図3.3に示すようなオン・オフ信号を図3.1に示す電圧形インバータの S_1–S_4 に与えることを考える．

56   3. DC-AC 変換装置

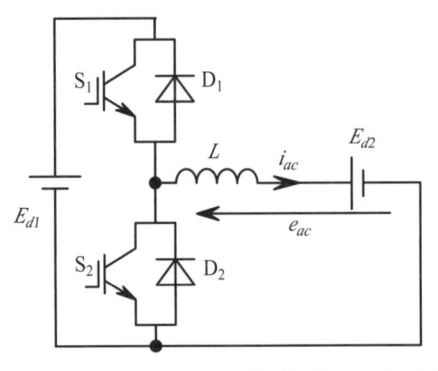

(a) DC-DC 双方向パワーフローが可能なコンバータ回路

(b)

(c)

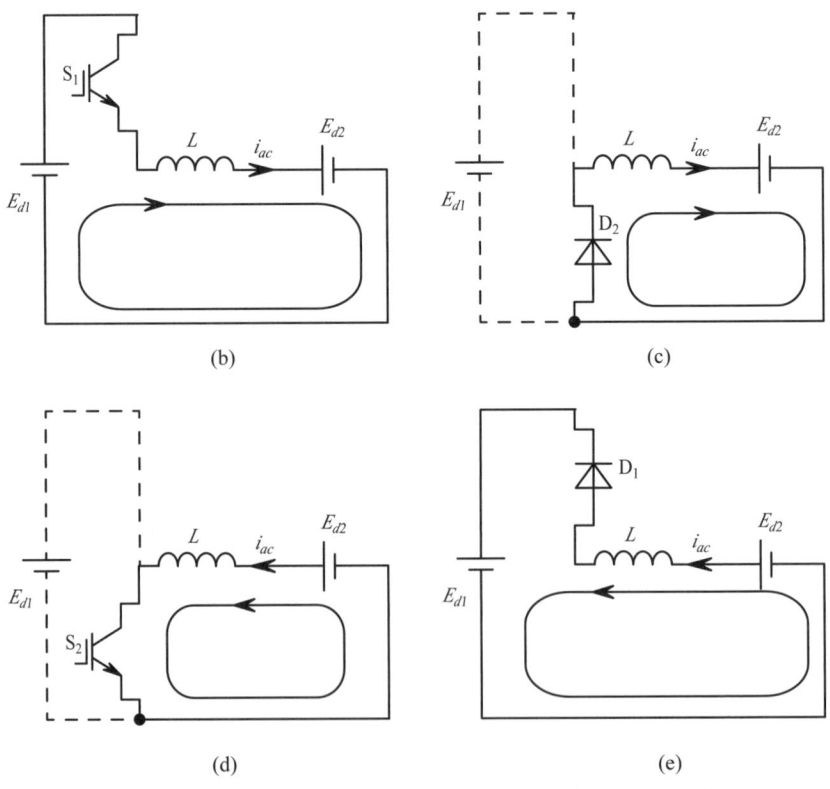

(d)

(e)

図 3.2 双方向パワーフローが可能なコンバータ回路のインバータへの拡張

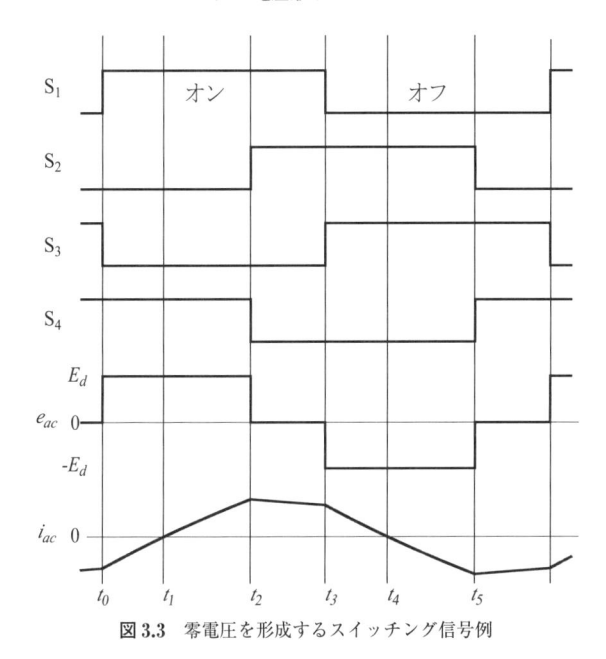

図3.3 零電圧を形成するスイッチング信号例

$(t_1 - t_2)$ 区間は直流側から交流側へ電力が供給されている**力行状態**である．時刻 t_2 で S_4 をオフすれば（電源短絡を生じないように同時刻 t_2 で S_2 にはオン信号が加えられる），$i_{ac} > 0$ である期間では電流は D_2 を通じて減少する**還流状態**となる．この期間は負荷側に電圧源は接続されていないので $e_{ac} = 0$ となる．次に時刻 t_3 で S_1 をオフすれば電力が交流側から直流側へ供給される**回生状態**となる．電流の極性が異なる場合においても S_1-S_4 のスイッチングを適正に制御すれば同様な動作を行うことができる．この場合にも，力行，還流，回生のそれぞれの状態ができる．

このように電源と負荷とを切り離した状態を作ることで交流電圧の制御が可能となる．

(3) PWM 制御

上の(2)の状況を拡張して交流側の電圧が零となる期間を多数作る．図3.4に一例を示すが $(0 - T/2)$ の期間においては，交流側電圧が E_d と 0 とを繰り返すようにする．これは DC–DC 変換のバックコンバータ動作時にパルスのデューティ比を一定とせずに出力電圧を調整していることと等価である．電流の

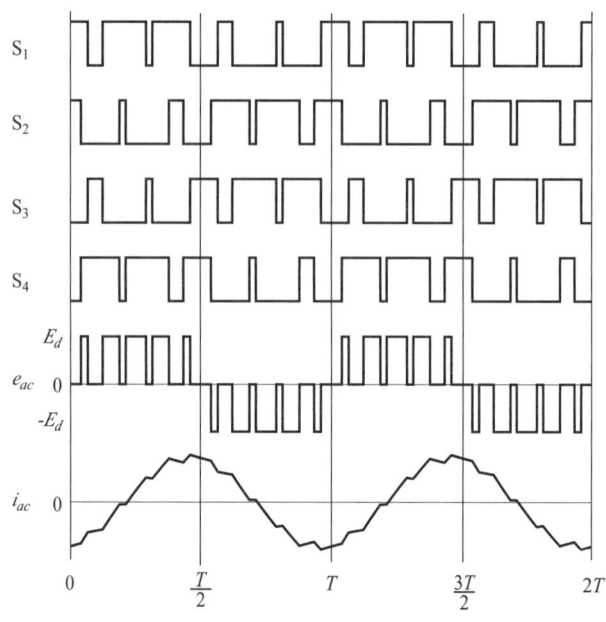

図 3.4 PWM 動作スイッチング信号例

極性を切り換えるときには回生状態を利用する．極性反転後は負側でのパルス幅を調整することで電流の値や高調波成分を制御することができる．このようにパルス状の波形となるパルスの数，ならびにその幅を調整する方法をパルス幅変調（PWM）といい，PWMを用いた制御を **PWM制御** という．パルス幅変調方式には種々の方法が提案されているが，図3.5に示すように正弦波指令値（V_{ref}）と **搬送波**（V_c）を比較する正弦波PWM方式がよく知られている．電圧形の場合には交流側電圧は E_d, 0, $-E_d$ の三種類の値しか取らずパルス状の方形波となるが，電流は回路インピーダンスによって決まるため正弦波に近づいた波形が得られる．

図3.5の一部を拡大すると図3.6を得る．正弦波指令値は搬送波一周期の間は一定値と仮定する．ここで，搬送波の振幅を V_T，周期を T_T とする．指令値 V_{ref} は搬送波の振幅を超えない範囲で増減する．図より $V_{ref}=0$ のとき，パルス幅は50%がオンで50%がオフとなり1周期の出力は平均すると0となる．いま $V_{ref}>0$ とした場合を考えると，搬送波が0を横切った時刻からのパルス幅

3.2 電圧形インバータ

図 3.5 正弦波 PWM

図 3.6 正弦波 PWM 方式の原理

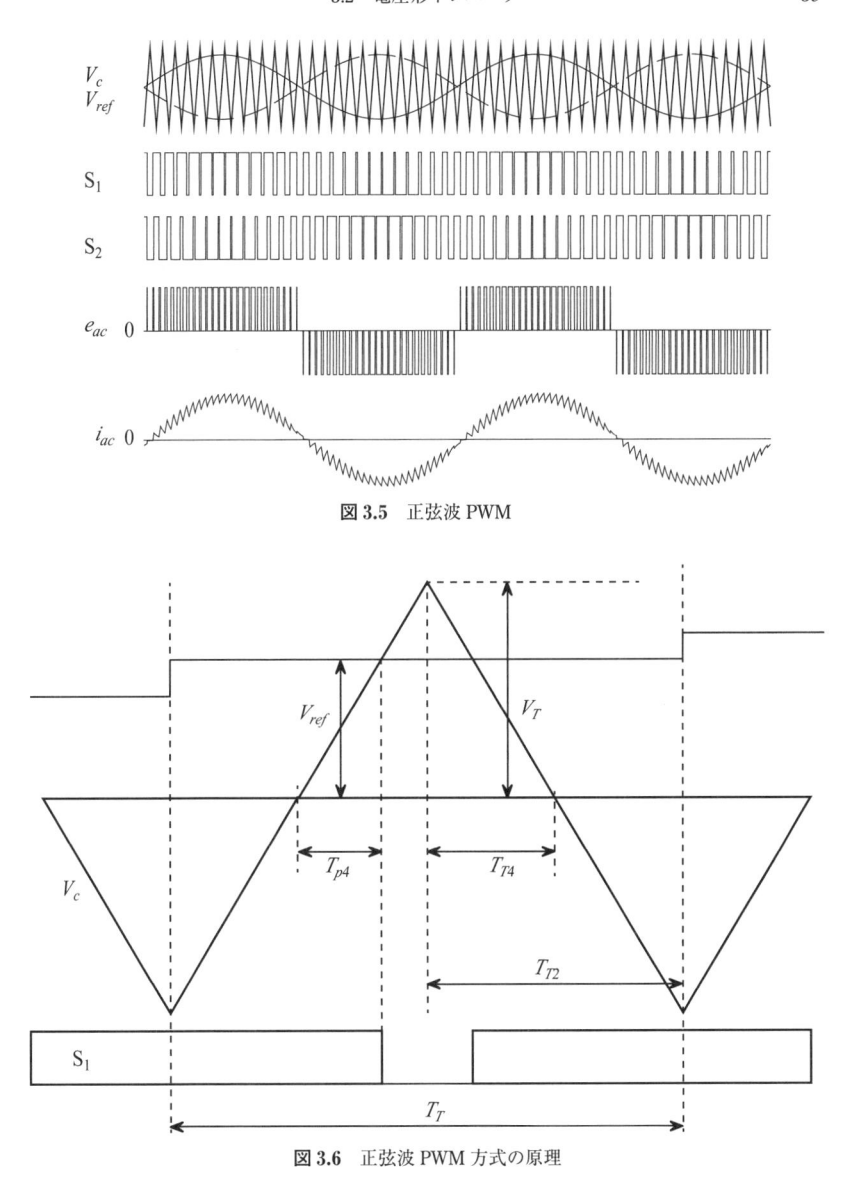

を T_{p4}, 1/4 周期を T_{T4} とした場合, 三角波の勾配 (V_T/T_{T4}) は以下のように T_{T4} と指令値の比と等しくなる. したがって, パルス幅 T_{p4} も正弦波指令値の値に比例していることがわかる.

$$\frac{V_T}{T_{T4}} = \frac{V_{ref}}{T_{P4}} \tag{3.5}$$

$$T_{P4} = \frac{T_{T4}}{V_T} V_{ref} \tag{3.6}$$

このように正弦波に比例したパルス波形は**正弦波 PWM** と呼ばれており搬送波の周波数によりパルス数が決まる．正弦波指令値は変調波ともいわれ，この値を変えることでパルスの幅を制御できる．

このとき，**変調率 M** は

$$M = \frac{V_{ref}}{V_T} \tag{3.7}$$

で表される．

一般にパルス数を増やすと高調波成分が減少するため高周波数での運転が望ましいとされているが，スイッチング回数の増加に伴いスイッチング損失が増大し，短絡防止用にデッドタイムの時間確保も必要となってくるので変換器の用途やスイッチング素子の種類により自ら限界が出てくる．

【例題 3.1】 前述のように正弦波と三角波から作り出す PWM ではパルス幅がそれぞれ異なるが，簡単に計算するためパルス幅がすべて等しいとする．デッドタイム T_d を $1\ \mu s$ とした場合に，PWM 制御されたパルスに対してデッドタイムが与える影響を 5% 以内にするためにはスイッチング周波数をいくらにすればよいか．

【解答】 PWM 制御する周波数を f [Hz] とすると，パルス幅の周期は最大で $T_p = 1/f$ [S] となる．このパルス幅の 5% である $0.05 T_p$ がデッドタイム時間以下である必要がある．すなわち $0.05 T_p = T_d$ が最少の周期となるので
$$T_p = 2 \times 10^{-5} \text{s}$$
したがってデッドタイムの影響を少なくするためには 50 kHz 以下で運転することが必要である．

(4) その他のスイッチング方式

パルス幅変調の波形をスイッチング素子のオン・オフ制御で説明したが，変圧器により合成しても同じようなことが可能である．図 3.7 に示すように，例えば図 3.1 のインバータ 2 台をそれぞれ位相を ϕ ずらして動作させ，これを変圧器を介して合成すれば，図 3.3 に示したものと同じ波形を得ることができ

3.2 電圧形インバータ

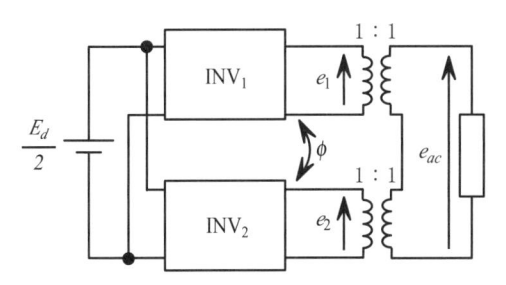

(a) 変圧器による多重化方式の基本回路

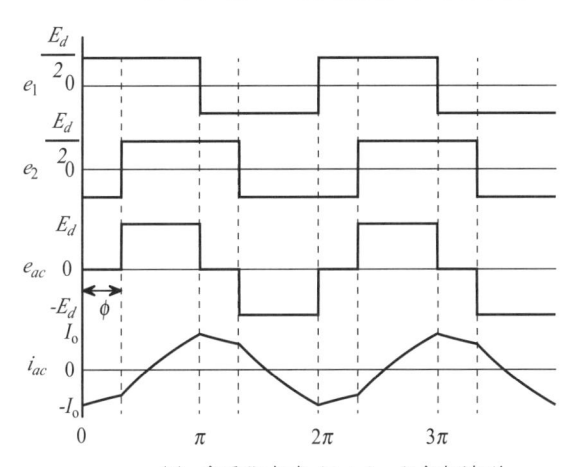

(b) 多重化方式インバータ各部波形

図 3.7 多重化方式

る．したがって最初のインバータ波形がスイッチング素子のオン・オフ制御によりパルス幅制御された波形であれば，さらにこの変圧器合成により異なった波形を形成できる．このようにして，種々の方法を組み合わせて出力波形の改善が実施されている．

ここで，最も簡単な図 3.3 や図 3.7 のパルス幅波形のフーリエ展開を示す．$\theta = \omega t$ に置換して表示すると，

$$e_{ac}(\theta) = \frac{4}{\pi} E \left(\cos\frac{\phi}{2} \sin\theta + \frac{1}{3}\cos\frac{3\phi}{2}\sin 3\theta + \frac{1}{5}\cos\frac{5\phi}{2}\sin 5\theta + \cdots \right) \quad (3.8)$$

となり，ϕ の位置によって特定周波数を消去できる．たとえば $\phi = \pi/3$ で第 3 高調波が，$\phi = \pi/5$ で第 5 高調波が消去される．このように式 (3.8) は ϕ の値

によって高調波の状態が変わることを示している．図3.7（b）には LR 直列負荷を接続し，$\phi = \pi/3$ と設定した際の交流側電圧 e_{ac}，電流 i_{ac} を示している．

次に直流電圧を複数用意し，これを組み合わせて正弦波に近づける方法を示す．図3.8は**中性点クランプ方式**あるいは3レベル方式と呼ばれているものである．この回路では $E_d/2$ の電圧をコンデンサで作り，たとえば u の端子は S_{11} と S_{12} オンで P の端子に，S_{11} と S_{13} オンで 0 の端子に，S_{13} と S_{14} オンで N の端子に接続されるため，E_d，$E_d/2$，0 の3種類の電圧レベルとなる．負側も同様に考えることができる．さらに，単相電圧形インバータのような PWM 制御を導入することもできる．図3.8（b）に動作波形の一例を示す．

3.3 電流形インバータ

3.3.1 インバータ回路とその動作

直流側電源が電流源のインバータを**電流形インバータ**（CSI：current source inverter）という．直流電流の方向は一方向なので直流側での電力の授受，すなわち電力の正負は電圧の正負で行われる．図3.9に電流形インバータの基本回路を示す．電圧形インバータと同様に S_1 と S_4，S_2 と S_3 を交互にオンすることで交流が形成される．

電流の方向は一方向であるので原理的には双方向素子は不要でスイッチング素子だけで構成できるが，スイッチング素子に逆耐圧がない場合にはダイオードが直列に接続される．電流形インバータでは常に一定の直流を流す回路が必要であるため，上下のスイッチング素子を同時にオンすることで直流側電流経路を確保する．一方，交流側にはコンデンサが挿入され，交流負荷電流値との差や回路線路のインダクタンスのエネルギーを処理している．

交流側には電流源の電流が流れるのでスイッチングにより方形波電流となり，電圧はこの電流とインピーダンスの積として定まってくる．

図3.9より電圧を求めると，$t=0$ からの時間を t として，

$$e_{ac} = RI(1 - \varepsilon^{-\frac{t}{RC}}) - E_0 \varepsilon^{-\frac{t}{RC}} \tag{3.9}$$

ただし，電圧 $-E_0$ は時刻 0 での電圧とする．次に，電圧形インバータのときと同様に時刻 t_2 からの時間を改めて t として，電圧減少時の波形を求めると

3.3 電流形インバータ

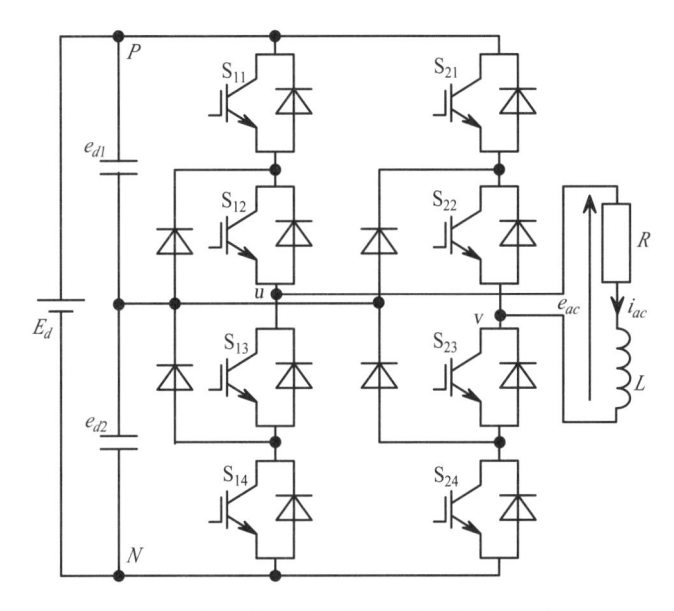

(a) 中性点クランプ方式インバータ基本回路

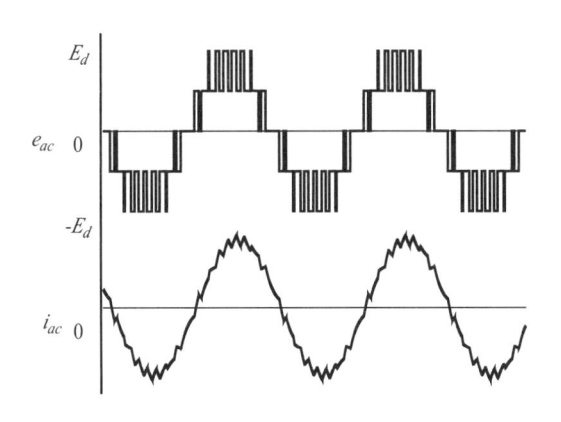

(b) インバータ各部波形

図 3.8 中性点クランプ方式インバータ

$$e_{ac} = -RI(1-\varepsilon^{-\frac{t}{RC}}) + E_0 \varepsilon^{-\frac{t}{RC}} \tag{3.10}$$

となる．式 (3.9)，(3.10) を電圧形インバータの電流波形 i_{ac} と比較すると，電圧形インバータと電流形インバータが**双対**の関係になっていることがわかる．

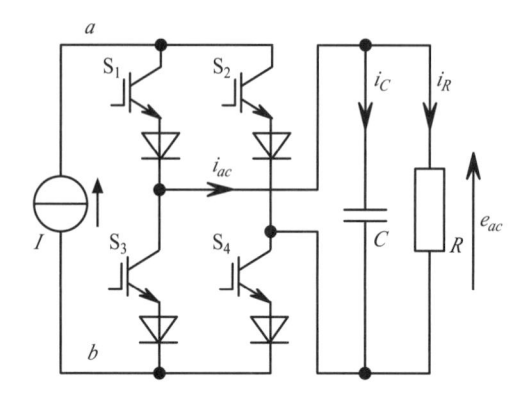

(a) 電流形インバータ基本回路

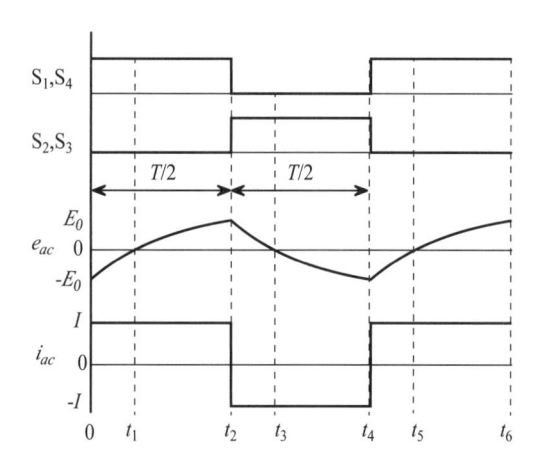

(b) 電流形インバータ各部波形

図 3.9 電流形インバータ回路

【例題 3.2】 図 3.9 の電流形インバータにおいて交流負荷を CR 並列回路とした場合の各部の電流 i_C, i_R を求めよ．すなわち一定電流 I が正負交番する条件で抵抗 R とコンデンサ C に流れる各電流を求めよ．

【解答】 ここでは交流側電流方程式を用いて解く．交流側電圧を e_{ac} として

$$I = i_C + i_R \tag{3.11}$$

$$i_C = C\frac{de_{ac}}{dt}, \quad i_R = \frac{e_{ac}}{R} \tag{3.12}$$

したがって

$$I = C\frac{de_{ac}}{dt} + \frac{e_{ac}}{R} \tag{3.13}$$

$-E_0$ を時刻 $t=0$ での電圧とすると e_{ac} は本文中の式（3.9）と同様となる．

$$e_{ac} = RI(1 - \varepsilon^{-\frac{t}{RC}}) - E_0 \varepsilon^{-\frac{t}{RC}} \tag{3.14}$$

時刻 $t=T/2$ で $e_{ac}=E_0$ とすると

$$E_0 = RI(1 - \varepsilon^{-\frac{T}{2RC}}) - E_0 \varepsilon^{-\frac{T}{2RC}} \tag{3.15}$$

この式を解いて，次のように E_0 を求めることができる．

$$E_0 = RI \frac{1 - \varepsilon^{-\frac{T}{2RC}}}{1 + \varepsilon^{-\frac{T}{2RC}}} \tag{3.16}$$

交流側抵抗を流れる電流 i_R は

$$i_R = \frac{e_{ac}}{R} = I\left(1 - \varepsilon^{-\frac{t}{RC}}\right) - \frac{E_0}{R}\varepsilon^{-\frac{t}{RC}} = I - \left(I + \frac{E_0}{R}\right)\varepsilon^{-\frac{t}{RC}} \tag{3.17}$$

よって i_C は

$$i_C = I - i_R = \left(I + \frac{E_0}{R}\right)\varepsilon^{-\frac{t}{RC}} \tag{3.18}$$

ここで数値を入れて考えてみると，電流の時定数は，$R=10\ \Omega$，$C=100\ \mu F$ のときに $RC=10^{-3}=1$ ms となる．一方，半周期の時間は周波数が 50 Hz の場合では 10 ms になるので，電流の急激な変化（過渡状態）は回路モードが切り替わった後の早い時点で終わり，以後，前述の式中の指数項は 0 に近づき，半周期の終わりの時点では一定値に落ち着いていると考えられる．このようなときは $E_0=RI$ と近似できる．図 3.10 にこの条件のときの各部電流・電圧波形を示す．

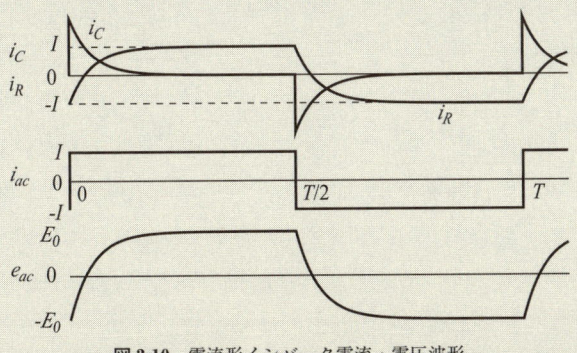

図 3.10 電流形インバータ電流・電圧波形

図3.11 PWM動作スイッチング信号例

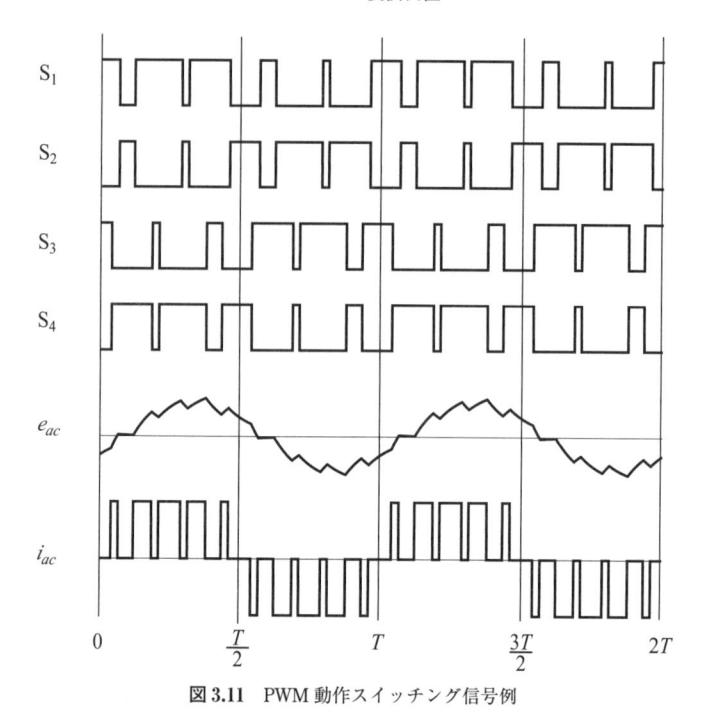

3.3.2 交流電流波形の制御

電流形インバータにおいては交流電流が方形波となるので電圧形インバータで述べた手法の双対性を用いて交流電流波形の制御が行われる．例えばPWM制御や変圧器による多重化が行われている．

ここではPWM制御について記載する．電流形の場合には零電流期間はインバータ各レグの素子，すなわちS_1とS_3，またはS_2とS_4のいずれかの対を同時にオンして直流側を短絡し，交流側と切り離すことで実現できる．直流側は電流源であり，短絡されていても回路中に抵抗がないため一定の電流が流れるだけでエネルギーは消費されないため問題はない．この期間，交流側ではスイッチング素子群と接続されている線路の交流電流は$i_{ac}=0$となり，負荷側ではCR直列回路が形成され，エネルギーは抵抗で消費される．図3.11に正弦波PWM制御時のS_1〜S_4の信号および各部波形を示す．

なお変圧器により多重化を行う場合には，電圧形における直列接続の電圧合

3.4 三相インバータ

容量が大きな負荷には三相電源が使用される．このような負荷に対しては，出力が三相である**三相インバータ**が使用される．基本的にはこれまでに記載している単相インバータを拡張し，三相として構成することになる．しかし回路構成も複雑になり電流経路も複雑となるため，ここでは基本的な動作原理のみを説明する．

3.4.1 電圧形インバータ

電圧形インバータの場合は上下アームで正電圧，負電圧を受け持つよう1個のスイッチが$180°$（$=\pi$）ごとにオンする**$180°$導通形**が多く用いられる．三相電圧形インバータの場合も単相電圧形インバータと同様に上下間のアームは同時にオンできないため，3本のレグを使用した場合のスイッチングモードとしては$2^3=8$通りが考えられる．表3.1に$180°$導通形インバータのスイッチ

表3.1 三相電圧形インバータの動作モード

Mode No.	スイッチの状態						線間電圧			相電圧		
	S_1	S_2	S_3	S_4	S_5	S_6	v_{uv}	v_{vw}	v_{wu}	v_u	v_v	v_w
0				ON	ON	ON	0	0	0	0	0	0
1	ON				ON	ON	E_d	0	$-E_d$	$\frac{2E_d}{3}$	$\frac{-E_d}{3}$	$\frac{-E_d}{3}$
2	ON	ON				ON	0	E_d	$-E_d$	$\frac{E_d}{3}$	$\frac{E_d}{3}$	$\frac{-2E_d}{3}$
3		ON		ON		ON	$-E_d$	E_d	0	$\frac{-E_d}{3}$	$\frac{2E_d}{3}$	$\frac{-E_d}{3}$
4		ON	ON	ON			$-E_d$	0	E_d	$\frac{-2E_d}{3}$	$\frac{E_d}{3}$	$\frac{E_d}{3}$
5			ON	ON	ON		0	$-E_d$	E_d	$\frac{-E_d}{3}$	$\frac{-E_d}{3}$	$\frac{2E_d}{3}$
6	ON		ON		ON		E_d	$-E_d$	0	$\frac{E_d}{3}$	$\frac{-2E_d}{3}$	$\frac{E_d}{3}$
7	ON	ON	ON				0	0	0	0	0	0

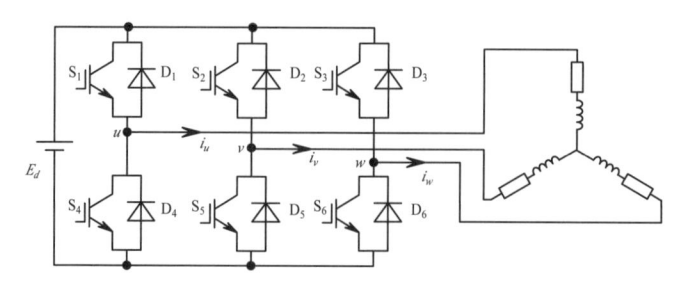

68   3. DC–AC 変換装置

(a) 三相電圧形インバータ基本回路

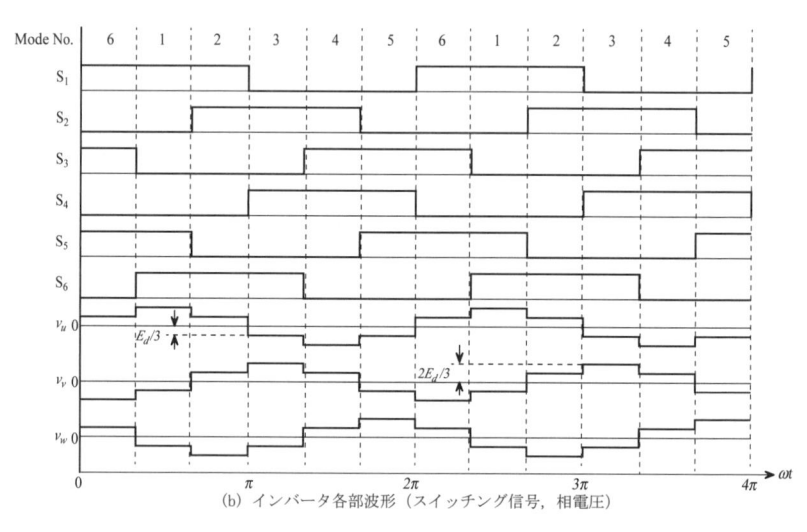

(b) インバータ各部波形（スイッチング信号，相電圧）

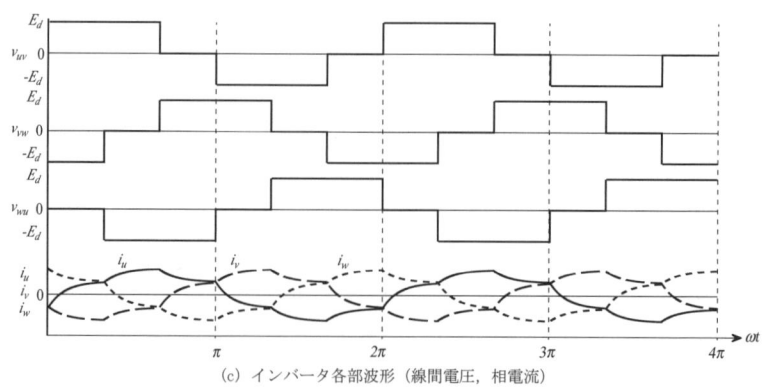

(c) インバータ各部波形（線間電圧，相電流）

図 3.12 三相電圧形インバータ回路

(a) モード1　　　　　(b) モード2　　　　　(c) モード3

(d) モード4　　　　　(e) モード5　　　　　(f) モード6

(g) モード0, 7　　　　(h) 基本電圧ベクトル

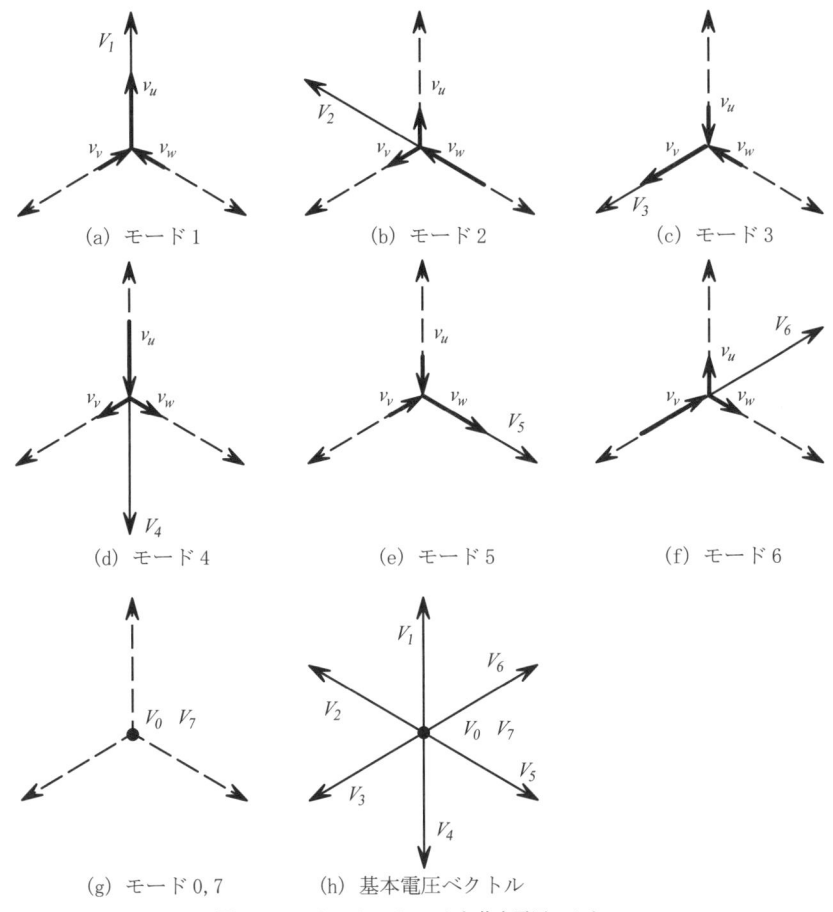

図3.13 スイッチングモードと基本電圧ベクトル

ングモードと線間電圧，相電圧の大きさを示す．図3.12に，三相電圧形インバータ回路および基本的なスイッチングパターン，各相電圧電流波形を示す．ここでは60°（＝π/3）ごとにモードが切り替わっていることが確認できる．

図3.13には各スイッチングモードに対する基本電圧ベクトルV_0〜V_7を示す．モード1〜6では位相が60°（＝π/3）ごとに移動しており，モード0および7のときは零電圧ベクトルになっていることがわかる．図3.12には表れていないが，これら2つの零電圧ベクトルのモードは単相電圧形インバータの**還流状態**に相当し，交流電圧波形の制御に必要な重要なモードである．

スイッチング素子のオン・オフを考える．直流側正電圧端子につながる S_1，S_2，S_3 が交流側 u，v，w の正電圧を作ることになるから S_1，S_2，S_3 は $120°$（$=2\pi/3$）ごとに点弧することになる．また負電圧につながる S_4，S_5，S_6 は上側と逆の動作をすることになる．したがって S_1 の導通状態のパターンが $120°$（$=2\pi/3$）遅れて S_2 に，さらに $120°$（$=2\pi/3$）遅れて S_3 に現れる．下側の素子は S_4 が S_1 の $180°$（$=\pi$）遅れとなり，上側の素子と同様に S_4 から位相の遅れたスイッチングパターンが S_5，S_6 に現れることになる．図 3.12（b）にはインバータスイッチング信号と相電圧波形を示す．表 3.1 に示したように相電圧は $E_d/3$ ステップで変化する．図 3.12（c）はインバータ線間電圧および相電流波形である．単相インバータと同様に電流は回路インピーダンスによって決まり，ここでは LR 直列負荷とした場合の結果を示している．

次に三相電圧形インバータに PWM を導入することを考える．この際も単相インバータを拡張することが基本的な考え方となる．三相出力の場合には指令電圧を $120°$（$=2\pi/3$）ずらすことで実現できる．正弦波 PWM の場合は，隣り合う基本電圧ベクトルの成分を合成することで位相および振幅を制御できる．図 3.14 に正弦波 PWM とした場合のスイッチングパターンおよび出力相電圧，線間電圧波形を示す．電圧形であるので電流波形は方形波電圧とインピーダンスによって与えられる．同図に示されているように LR 負荷とした場

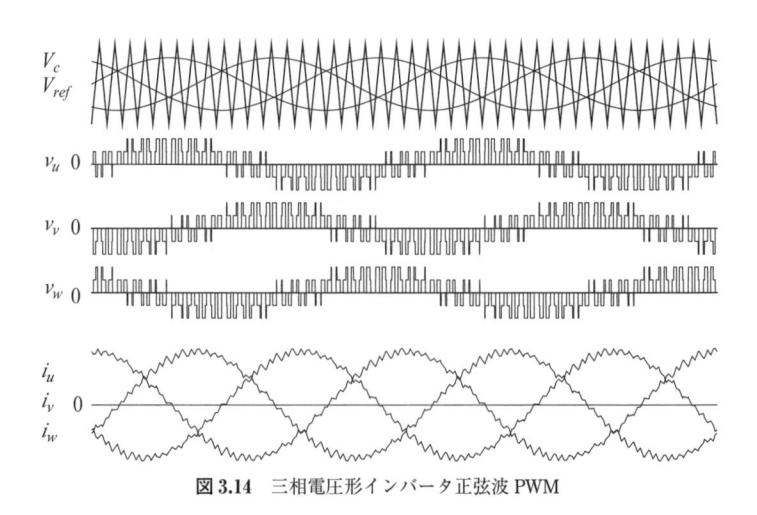

図 3.14　三相電圧形インバータ正弦波 PWM

合，適切なスイッチングパターンにより正弦波に近い電流波形が得られる．

インバータのスイッチング方式には前述の 180° 導通形以外にも直流電圧を三相に 1/3 周期ずつ印加する **120° 導通方式** もある．この方式では直流側正電圧端子の 1 つと負電圧端子の 1 つが接続される．負荷として BLDCM（ブラシレス直流電動機）などの電動機が接続されている場合，導通していない残りの相には誘起電圧が誘起されているので速度センサレス制御などに利用されているが，ここでは詳細は省略する．

3.4.2 電流形インバータ

三相電流形インバータも単相電流形インバータと同様な方法で構築できる．図 3.15 に基本回路とそのスイッチングパターン，各部波形を示す．電流形インバータでは直流電流 I を三相に順次流すため，正側と負側の素子が 1 つずつ選択される．すなわち図のように 120°（$=2\pi/3$）ごとに導通させる 120° 導通形が基本形となる．電流形インバータでは，交流側電流は I，0，$-I$ の 3 通りとなり電圧が方形波電流と回路インピーダンスとの積で決まる．

三相電流形インバータに PWM 制御を導入する場合，零電流期間は上下アームを同時にオンして直流側を短絡し交流側と切り離すことで達成される．この場合の具体的なスイッチング信号作成用の搬送波（V_c），電流指令値（I_{ref}）波形，各部電圧電流波形を図 3.16 に示す．

3.5 ひずみ波交流の電力

インバータによる交流波形は一般に高調波を含んでいる．このような波形での電力について考える．

たとえば単相電圧形インバータに抵抗 R を接続したとき，交流側は方形波の電圧電流波形となるが，このときの電力について考えてみる．

交流側の電圧の実効値 V_{rms} と電流の実効値 I_{rms} は

$$V_{rms} = \sqrt{\frac{1}{\pi} \int_0^\pi E^2 d\theta} = E \qquad (3.19)$$

$$I_{rms} = \sqrt{\frac{1}{\pi} \int_0^\pi I^2 d\theta} = I \qquad (3.20)$$

となる．また方形波をフーリエ展開して次式を得る．

(a) 三相電流形インバータ基本回路

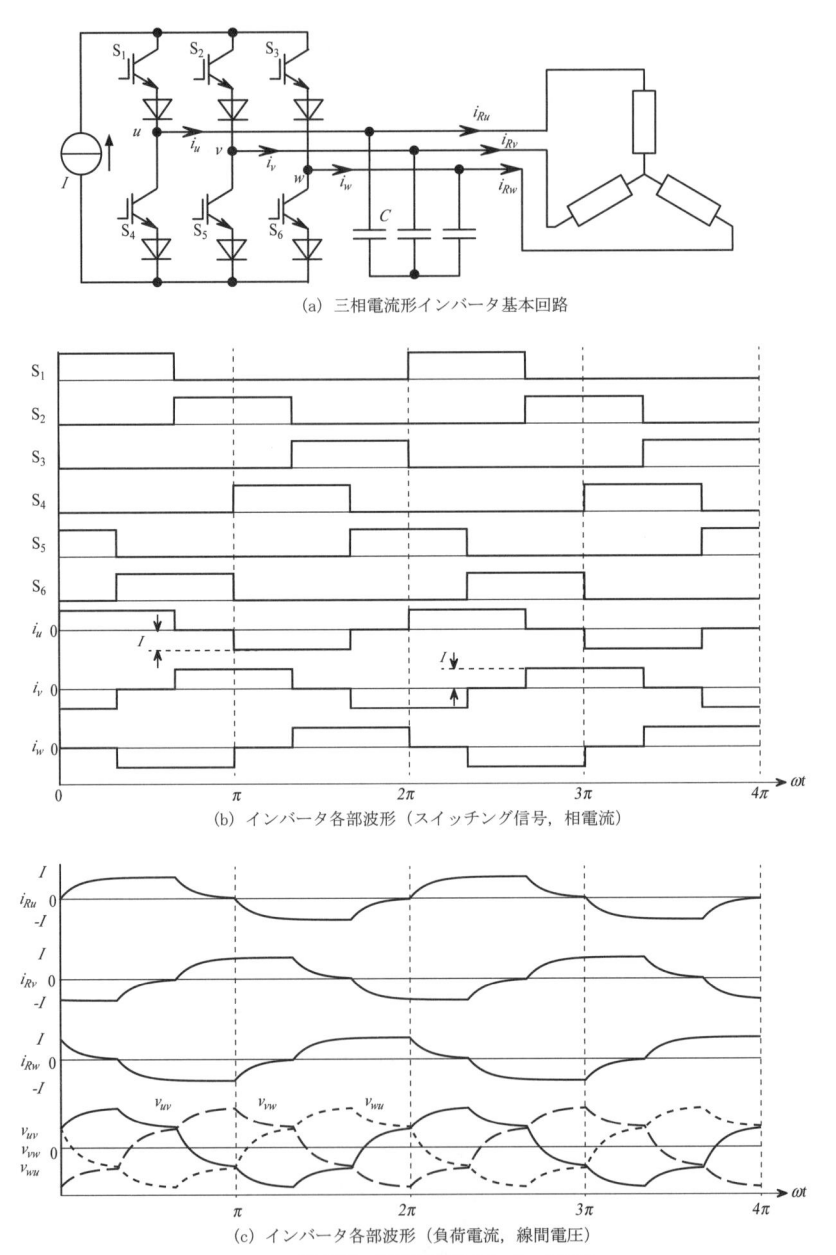

(b) インバータ各部波形（スイッチング信号，相電流）

(c) インバータ各部波形（負荷電流，線間電圧）

図 3.15 三相電流形インバータ回路

3.5 ひずみ波交流の電力

図 3.16 三相電流形インバータ正弦波 PWM

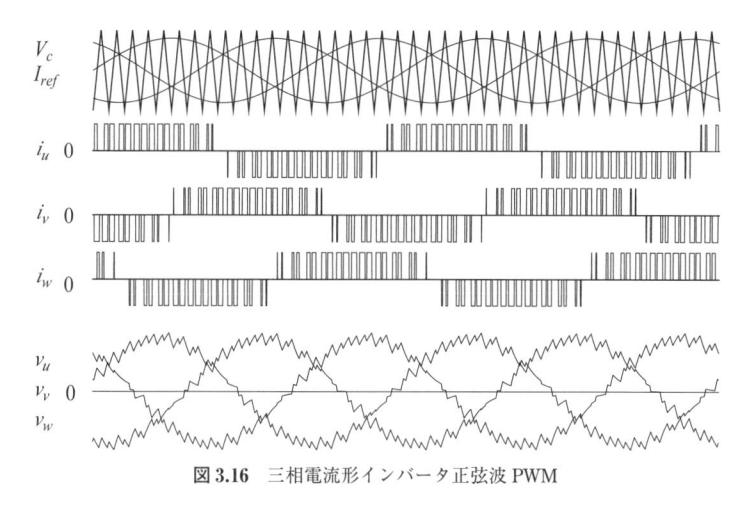

$$v = \frac{4E}{\pi}\left(\sin\theta + \frac{1}{3}\sin 3\theta + \frac{1}{5}\sin 5\theta + \cdots\right) \tag{3.21}$$

これより基本波の電圧の実効値 V_1 と電流の実効値 I_1 は次のようになる.

$$V_1 = \frac{4E}{\pi}\cdot\frac{1}{\sqrt{2}} = 0.900E \tag{3.22}$$

$$I_1 = \frac{4I}{\pi}\cdot\frac{1}{\sqrt{2}} = 0.900I \tag{3.23}$$

したがって直流側における電力 P_{dc},ならびに交流側における有効電力 P_{ac},基本波の有効電力 P_1 は,交流側負荷が抵抗で電圧電流に位相差がない場合,以下のように求められ,交流側実効値 EI の積は直流側の電力に等しくなる.

$$P_{dc} = EI \tag{3.24}$$

$$P_{ac} = V_{rms}I_{rms} = EI = P_{dc} \tag{3.25}$$

$$P_1 = V_1 I_1 = \left(\frac{4E}{\pi}\cdot\frac{1}{\sqrt{2}}\right)\left(\frac{4I}{\pi}\cdot\frac{1}{\sqrt{2}}\right) = \frac{8}{\pi^2}EI = 0.810EI \tag{3.26}$$

よって高調波による電力 P_h は

$$P_h = P_{ac} - P_1 = \left(1 - \frac{8}{\pi^2}\right)EI = 0.190EI \tag{3.27}$$

となり,およそ 20% を占めていることがわかる.

次に，電圧電流に高調波を含む一般的な場合の電力を計算してみる．

$$e = \sum_{n=1}^{\infty} \sqrt{2} E_n \sin n\omega t \tag{3.28}$$

$$i = \sum_{n=1}^{\infty} \sqrt{2} I_n \sin(n\omega t - \phi_n) \tag{3.29}$$

瞬時電力 p は

$$\begin{aligned}p = ei &= \sum_{n=1}^{\infty} 2E_n I_n \sin n\omega t \cdot \sin(n\omega t - \phi_n) \\ &+ \sum_{n=1}^{\infty} \sum_{m=1}^{\infty} 2E_n I_m \sin n\omega t \cdot \sin(m\omega t - \phi_m) \quad (n \neq m)\end{aligned} \tag{3.30}$$

この電力の平均値を求めることになるが，ここで

$$2 \sin n\omega t \cdot \sin(m\omega t - \phi_m) = \cos\{(n-m)\omega t + \phi_m\} - \cos\{(n+m)\omega t - \phi_m\} \tag{3.31}$$

となるから，式（3.30）の1周期 T にわたる積分は $n \neq m$ のとき，右辺第2項は0となるので，有効電力 P は第1項の積分より求まる．

$$\begin{aligned}P &= \frac{1}{T} \int_0^T p\,dt = \sum_{n=1}^{\infty} E_n I_n \cos \phi_n \\ &= E_1 I_1 \cos \phi_1 + E_2 I_2 \cos \phi_2 + E_3 I_3 \cos \phi_3 + \cdots\end{aligned} \tag{3.32}$$

以上より周波数の等しい電圧と電流においてのみ有効電力が計算され，各次数での電力の和として求められる．

【例題 3.3】 図3.17のような正弦波の交流電圧と方形波の電流が流れている場合の電力はどのように考えればよいか．

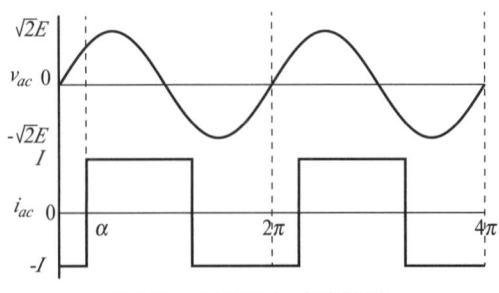

図 3.17 正弦波電圧と方形波電流

【解答】 式（3.32）は，電圧または電流のどちらかが正弦波のときには，高調波による平均電力は0となり基本波の電力のみが残ることを示している．本例題の場合，方形波の電流は高調波を含んでいるが，交流電圧が正弦波であるから平均電力には現れない．ここで方形波電流をフーリエ展開した式を求めると

$$i_{ac} = \frac{4I}{\pi}\left[\sin(\theta-\alpha) + \frac{1}{3}\sin 3(\theta-\alpha) + \frac{1}{5}\sin 5(\theta-\alpha) + \cdots\right] \quad (3.33)$$

となる．式（3.33）の基本波成分は以下となる．

$$i_1 = \frac{4I}{\pi}\sin(\theta-\alpha) \quad (3.34)$$

また交流電圧は正弦波であるので以下で表すことができる．

$$e_1 = \sqrt{2}E \sin\theta \quad (3.35)$$

これらより交流側の電力 P_{ac} を求めると式（3.32）に，$I_1 = 2\sqrt{2}I/\pi$，$E_1 = E$，$\phi_1 = \alpha$ を代入して

$$P_{ac} = P_{ac1} = E_1 I_1 \cos\phi = \frac{2\sqrt{2}}{\pi} EI \cos\alpha \quad (3.36)$$

が得られる．

演習問題

3.1 図3.1の単相インバータにおいて $E_d = 100$ V，$R = 10$ Ω，$L = 10$ mH，$f = 50$ Hz で動作しているとき，時定数 $\tau = L/R$ ならびに定常状態での電流の初期値 I_0 の値を求めよ．

3.2 同様に図3.1の単相インバータにおいて $L = 100$ mH とし，その他は問題3.1と同じ条件とした場合の，時定数 $\tau = L/R$ ならびに定常状態での電流の初期値 I_0 の値を求めよ．

3.3 5 Hz から 50 Hz まで変化させる単相インバータを正弦波 PWM の波形として形成したい．三角波の搬送波として 1 kHz を使用すると，半周期におけるパルス数はどのようになるか．

3.4 図3.7の多重化方式で高調波を抑制する場合，ϕ によって高調波の大きさが変わることを図を描いて確認せよ．

3.5 図3.12の三相電圧形インバータに図3.18（a）のようなスイッチング信号を与えたときの相電圧波形 v_u を求めよ．ただし抵抗負荷とする．

3.6 単相インバータの方形波電圧の波高値が 100 V のとき，負荷を 10 Ω の抵抗と

図3.18 の上段: (a) 120° 導通方式インバータスイッチング信号 ($S_1 \sim S_6$)

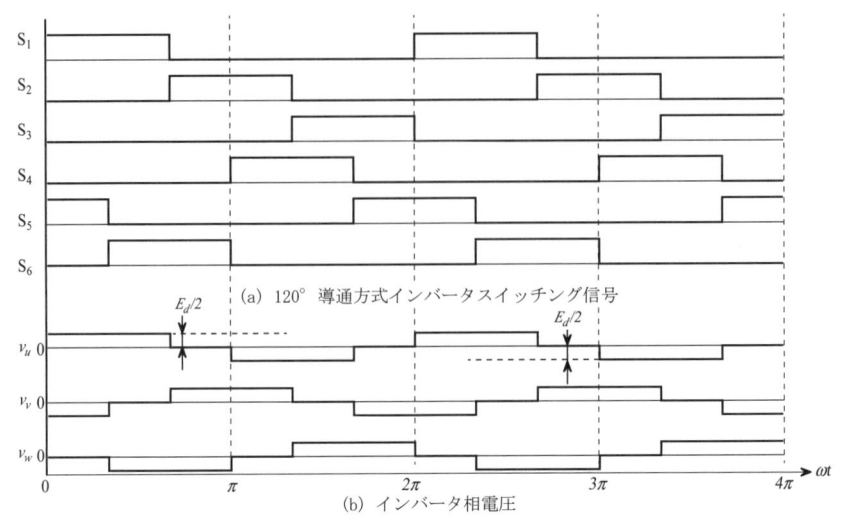

下段: (b) インバータ相電圧 (v_u, v_v, v_w), 振幅 $E_d/2$

図 3.18 120° 導通方式三相電圧形インバータ

して，交流側の実効電圧 V_{rms}，実効電流 I_{rms}，基本波実効電圧 V_1，基本波有効電力 P_1，高調波電力 P_h，ならびに直流側入力 P_{dc} を求めよ．

解　答

3.1 時定数は，$L/R=10^{-3}$ s$=1$ ms となる．$f=50$ Hz であるので半周期は 10 ms となり過渡応答は終了していると考えられるため，電流 I_0 は $I_0=100/10=10$ [A] となる．

3.2 時定数は，$L/R=10^{-2}$ s$=10$ ms となり半周期後においても過渡応答が終了していないため，式（3.4）で $i_{ac}=-I_0$ とおいて I_0 について解くと

$$-I_0 = -\frac{E_d}{R}(1-\varepsilon^{-\frac{R}{L}t}) + I_0\varepsilon^{-\frac{R}{L}t}$$

より

$$I_0 = \frac{E_d}{R}\frac{(1-\varepsilon^{-\frac{R}{L}t})}{(1+\varepsilon^{-\frac{R}{L}t})} = 10\frac{(1-\varepsilon^{-\frac{10}{0.1}0.01})}{(1+\varepsilon^{-\frac{10}{0.1}0.01})} \approx 4.62 \text{ [A]}$$

となる．

3.3 5 Hz の正弦波 1 周期に 1 kHz の搬送波の三角波は 200 個あるので，半周期には 100 個あることになる．図 3.5 のような PWM 形成を行うと 100−1 個のパ

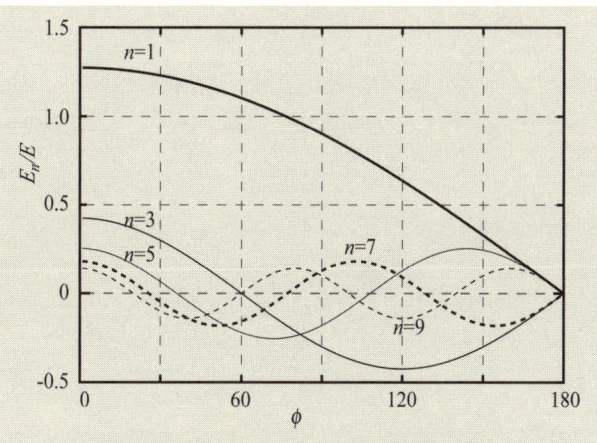

図 3.19 変圧器を用いた多重化方式高調波成分

ルスが得られる．同様に 50 Hz のときには 10−1 個のパルスとなるので，5 Hz から 50 Hz までの変化に対して 99 個から 9 個のパルス数変化となる．

3.4 各高調波成分の波高値（E_n/E）を ϕ に対して図示すると，図 3.19 となる．

3.5 図 3.18（b）に示す．これは 120° 導通方式のパターンであり，180° 導通形と違い上アームと下アームの中でそれぞれ 1 組が導通するため，抵抗負荷の場合には相電圧は $E_d/2$ ステップで変化することに注意する必要がある．負荷に直列に L が挿入されると転流の期間は 3 つのスイッチがオン状態となるため相電圧の大きさは $E_d/3$ の倍数となる．

3.6

$V_{rms} = V_{dc} = 100$ [V]

$I_{rms} = 100/10 = 10$ [A]

$V_1 = \dfrac{4E}{\pi} \cdot \dfrac{1}{\sqrt{2}} = 0.900E = 90$ [V]

$P_1 = V_1 \cdot I_1 = \left(\dfrac{4E}{\pi} \cdot \dfrac{1}{\sqrt{2}}\right)\left(\dfrac{4I}{\pi} \cdot \dfrac{1}{\sqrt{2}}\right) = 90 \times 9 = 810$ [W]

$P_h = P_{ac} - P_1 = 100 \times 10 - 810 = 190$ [W]

$P_{dc} = EI = V_{rms} \cdot I_{rms} = 100 \times 10 = 1000$ [W]

Tea Time

電圧形インバータの帰還ダイオード

電圧形インバータには,帰還ダイオードが不可欠である.このダイオードがあって初めて,どのような負荷においても安定して動作できる.この帰還ダイオードを考案したのは,アメリカの GE 社の研究所に勤務していたマクマレー(W. McMurray)である.この発明によってマクマレーの名前は歴史に残ることになった.当時マクマレーは入社 5 年目の若き研究員であった.

4 AC-DC 変換装置

　第2章で述べたDC-DC変換装置も，第3章で述べたDC-AC変換装置も直流電源を必要とする．しかしながら，通常得られる電源は商用周波数の交流電源であり，交流を直流に変換するAC-DC変換装置が不可欠である．本章ではまず，現在最も広く用いられているダイオードを用いた整流回路について説明する．なお，ダイオードの代わりにサイリスタを用いれば，直流電圧を制御することができる．これを位相制御と呼んでいる．そこで，次にサイリスタを用いた位相制御回路について簡単に述べる．また近年，パワーエレクトロニクス装置から発生する高調波ひずみが問題となっている．交流電源に流入する電流波形がひずんでいると雑音など外部にさまざまな障害を引き起こすため，電流波形のひずみ率をできるだけ低く押さえることが要求されている．そこで本章の最後に，整流回路や位相制御回路に代わって採用され始めたPWMコンバータについて概説する．

4.1　整　流　回　路

4.1.1　単相全波整流回路

(1)　*LR*負荷での動作

　図4.1に示すダイオードブリッジ回路は**単相全波整流回路**（single-phase full-wave rectifier）と呼ばれ，単相回路のAC-DC変換装置として最も広く用いられている．本節では，まずこの回路に*LR*負荷が接続されたときの動作について考察する．

　いま電源電圧は正弦波と

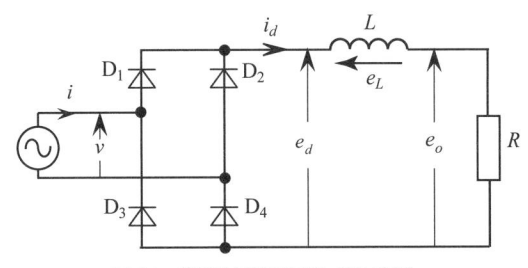

図4.1　単相全波整流回路（*LR*負荷）

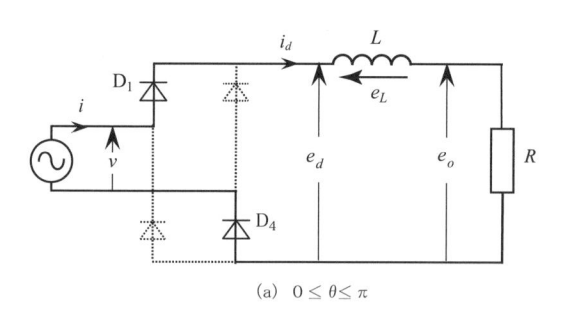

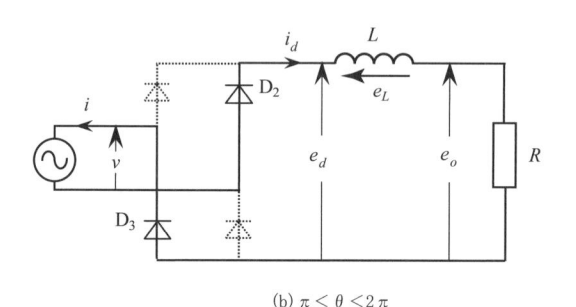

図4.2 回路動作

(a) $0 \leq \theta \leq \pi$

(b) $\pi \leq \theta \leq 2\pi$

し，次式で書けるとする．
$$v = \sqrt{2}V\sin\theta, \quad \theta = \omega t$$
電源電圧が正となる $0 \leq \theta \leq \pi$ 期間においては，ダイオード D_1，D_4 が正バイアスとなり導通し，図4.2(a) に示す回路が成り立つ．図より回路の微分方程式を立てると次のようになる．

$$v = L\frac{di_d}{dt} + Ri_d \quad (4.1)$$

$\pi \leq \theta \leq 2\pi$ 期間では電源電圧は負となり，ダイオード D_2，D_3 が導通し，図4.2(b) の回路となるが，整流後の電圧波形（整流電圧）は図4.3に示すように $0 \leq \theta \leq \pi$ 期間と同様である．すなわち整流電圧は半周期ごとの繰り返し波形となる．

式 (4.1) の解は，定常項 i_{ds} と過渡項 i_{dt} の和で与えられ，次式で書ける．

$$i_d = i_{ds} + i_{dt} \quad (4.2)$$

ただし，

$$i_{ds} = \frac{\sqrt{2}V}{\sqrt{R^2 + (\omega L)^2}}\sin(\theta - \varphi), \quad \tan\varphi = \frac{\omega L}{R}, \quad i_{dt} = A\varepsilon^{-\frac{R}{L}t}$$

とする．上式を

$$i_d(0) = i_d(\pi)$$

の境界条件のもとに解けば，未知数 A は次のように求まり，

$$A = \frac{\sqrt{2}V}{\sqrt{R^2 + (\omega L)^2}} \frac{2}{1 - \varepsilon^{-\frac{R}{\omega L}\pi}}\sin\varphi$$

次式が得られる．

$$i_d = \frac{\sqrt{2}V}{\sqrt{R^2+(\omega L)^2}}$$
$$\left\{ \sin(\theta-\varphi) + \frac{2}{1-\varepsilon^{-\frac{R}{\omega L}\pi}} \sin\varphi \times \varepsilon^{-\frac{R}{L}t} \right\}$$

(4.3)

式 (4.3) より求めた電流波形を整流電圧 e_d, 交流電圧 v および交流電流 i の波形と合わせて図 4.3 に示す. 整流電圧は, リアクトル L に加わる電圧 e_L と負荷抵抗 R に加わる直流出力電圧 e_o の和に等しい. それらの平均値にも同様の関係が成り立つので

$$E_d = E_L + E_o \qquad (4.4)$$

図 4.3 各部電圧・電流波形 単相 LR 負荷.

となる. ここで整流電圧の平均値 E_d を求めると次のようになる.

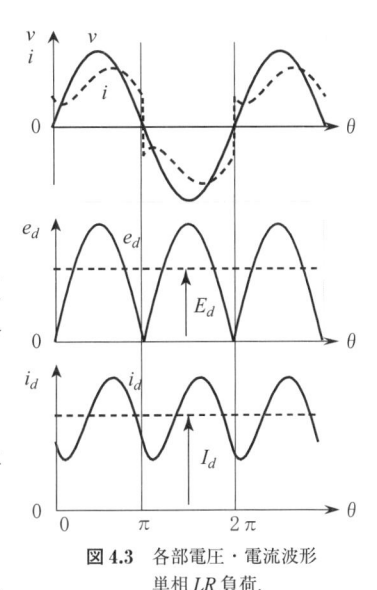

$$E_d = \frac{1}{\pi}\int_0^\pi \sqrt{2}V\sin\theta d\theta = \frac{2\sqrt{2}}{\pi}V \cong 0.9V \qquad (4.5)$$

また定常状態の条件から, リアクトルに加わる電圧の平均値 E_L は次式に示すように 0 となる.

$$E_L = \frac{1}{\pi}\int_0^\pi \left(L\frac{di_d}{dt}\right)d\theta = \frac{\omega}{\pi}L\{i_d(\pi)-i_d(0)\} = 0$$

したがって抵抗に加わる電圧（直流出力電圧）の平均値 E_o および抵抗を流れる電流（直流出力電流）の平均値 I_d は次式より求まる.

$$E_o = RI_d = E_d = \frac{2\sqrt{2}}{\pi}V \qquad (4.6)$$

すなわち抵抗を流れる電流の平均値はインダクタンスの値には無関係である. このように直流出力には関係せず, 電流の脈動を抑えるような働きをするリアクトルを**平滑リアクトル**（smoothing reactor）と呼んでいる.

(2) **チョークインプット整流回路**

整流回路は, DC–DC 変換回路や DC–AC 変換回路に接続され, 直流電源と

して用いられる．このような用途では直流電圧波形は脈動がなく，できるだけフラットであることが望ましい．直流電圧のリプル分を取り除くために，図4.4のように負荷抵抗に並列に平滑コンデンサ C を接続し，かつ直流入力側にリアクトルを接続した回路が用いられる．この回路は**チョークインプット整流回路**と呼ばれる．

いま，十分大きなコンデンサ C が接続されコンデンサ電圧 E_C の変動は無視できる，リアクトル L には連続して電流が流れていると仮定し，この回路の特性を計算してみよう．なお，簡単のため回路の抵抗は無視して計算を行う．$0 \leq \theta \leq \pi$ 期間において次式が成り立つ．

$$v = L\frac{di_L}{dt} + E_C \tag{4.7}$$

ここで v は電源電圧であり

$$v = \sqrt{2}V\sin\theta, \quad \theta = \omega t$$

である．式 (4.7) を

$$i_L(0) = i_L(\pi)$$

の定常条件のもとで解くと，コンデンサ電圧 E_C が次のように求まり，

$$E_C = \frac{2\sqrt{2}}{\pi}V$$

電流解は次式のように書ける．

$$i_L = \frac{\sqrt{2}V}{\omega L}(1 - \cos\theta) - \frac{2}{L}\frac{\sqrt{2}}{\pi}Vt + i_L(0) \tag{4.8}$$

ここで $i_L(0)$ は電流の初期値である．

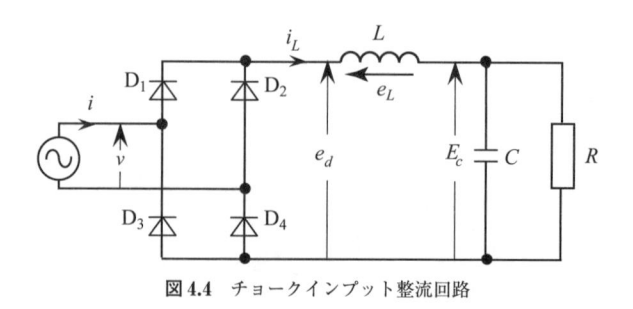

図4.4 チョークインプット整流回路

4.1 整流回路

前述のように，リアクトルに加わる電圧の平均値 E_L は定常状態では 0 であるからコンデンサ電圧 E_C（すなわち負荷抵抗に加わる直流出力電圧 E_o）は整流電圧の平均値 E_d に等しく，次の関係が成り立っている．

$$E_C = E_o = RI_d = E_d = \frac{2\sqrt{2}}{\pi} V \tag{4.9}$$

なお，負荷を流れる電流 I_o は，リアクトルを流れる電流の平均値（直流分）に等しいから，

$$I_o = I_L = \frac{1}{\pi} \int_0^\pi i_L d\theta = i_L(0)$$

これよりリアクトルを流れる電流 i_L は次のようになる．

$$i_L = \frac{\sqrt{2}V}{\omega L}(1 - \cos\theta) - \frac{2}{L}\frac{\sqrt{2}}{\pi} Vt + I_o \tag{4.10}$$

図 4.5 に各部波形を，図 4.6 に負荷電流 I_o を変化させたときの出力電圧特性を示す．リアクトル L に連続な電流が流れている限り直流出力電圧 E_o すなわちコンデンサ電圧 E_C は変化しない（実際の整流回路では，回路の抵抗やコンデンサ電圧の変動など，今回無視した要素の影響により，図の点線のように負荷電流とともに減少する）．

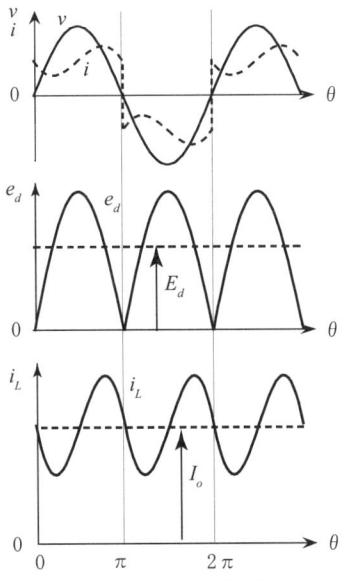

図 4.5 各部電圧・電流波形 チョークインプット整流回路．

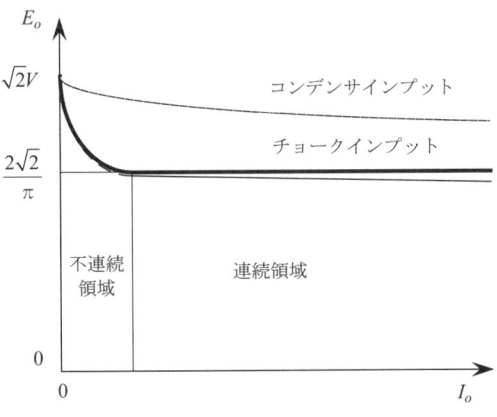

図 4.6 出力電圧特性

負荷電流が小さくなると，リアクトルを流れる電流は断続するようになり，図に示す不連続領域が現れる．断続が始まる負荷電流の値はリアクトルを流れる電流の最小値が0となる条件より求まる．

【例題 4.1】 図 4.4 において，リアクトルを流れる電流が最小値となる電気角度ならびに電流の断続が発生し始める負荷電流の値を求めよ．

【解答】 リアクトルを流れる電流が最小になるのは

$$\frac{di_L}{dt}=0$$

であり，式（4.7）において電源電圧 v とコンデンサ電圧 E_C が等しくなる時間である．したがって式（4.9）より次式が成り立つ．

$$\sqrt{2}V\sin\theta = \frac{2\sqrt{2}}{\pi}V$$

このときの角度 θ は

$$\sin^{-1}\left(\frac{2}{\pi}\right) = 39.5°$$

より求まる．これを式（4.10）に代入し $i_L=0$ の条件より，断続が始まる負荷電流 I_o の値は次式で与えられる．

$$I_o \cong 0.21\frac{\sqrt{2}}{\omega L}V \qquad (4.11)$$

電流が不連続となる領域での計算はここでは省略するが，負荷電圧の値は，図 4.6 に示すように，電源電圧のピーク電圧 $\sqrt{2}V$ と連続電流時の電圧 E_C との中間の電圧となる．

上式から明らかなように，インダクタンス L の値が小さくなると不連続が始まる負荷電流の値は大きくなる．図 4.7 に示すリアクトルを省略した整流回路は**コンデンサインプット整流回路**と呼ばれ，小容量の整流装置として用いられている．

図 4.7 コンデンサインプット整流回路

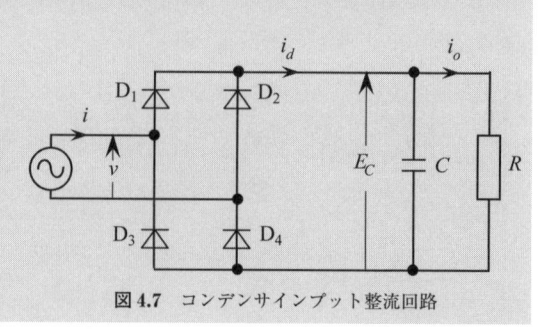

4.1.2 三相全波整流回路

動力用電源には通常，三相交流が用いられる．図 4.8 に示す**三相全波整流回路**（three-phase full-wave rectifier）は比較的容量の大きな直流電源として広

4.1 整流回路

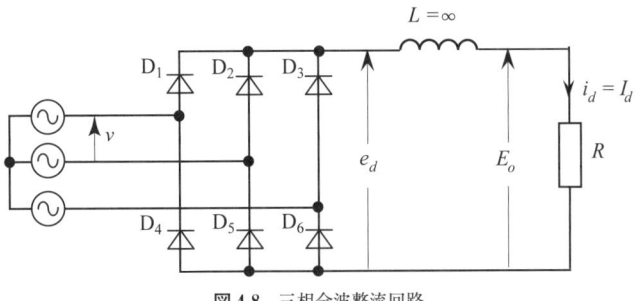

図4.8 三相全波整流回路

く用いられている．

複数のダイオードのカソードが共通な母線に接続されている場合，アノード電圧が一番高いダイオードが導通する．一方，アノードが共通な場合，カソード電圧が一番低いダイオードが導通する．これらを考慮して各部の電圧，電流波形を求めると図4.9に示すようになる．なお簡単のため，平滑インダクタンスが比較的大きく，リアクトルを流れる電流の脈動は無視できるほど小さいとしている．三相全波整流回路の脈動周波数は，電源周波数fの6倍となるため，必要な平滑インダクタンスの値は単相回路に比べて小さくなる．

前出のように，定常状態において平滑リアクトルに加わる電圧の平均値は0となるので，平均直流出力電圧E_oは整流電圧の平均値E_dに等しく，次式で表される．

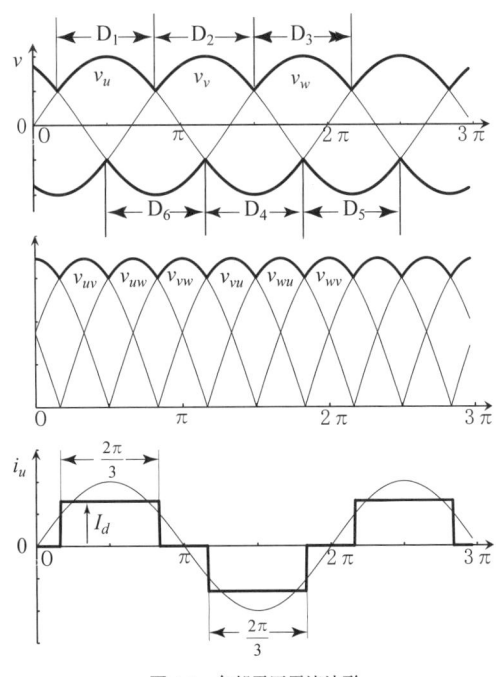

図4.9 各部電圧電流波形

$$E_o = E_d = \frac{3}{\pi}\int_{-\pi/6}^{\pi/6} v_{wv}d\theta = \frac{3}{\pi}\int_{-\pi/6}^{\pi/6}\sqrt{2}V\cos\theta d\theta = \frac{3\sqrt{2}}{\pi}V \cong 1.35V \qquad (4.12)$$

ただし V は三相電源電圧の実効値である．

図 4.9 の細い線で示すように交流電流の位相は交流電圧と等しく，基本波力率は 1 であるが，交流電流に含まれる高調波成分のため，有効電力と皮相電力の比で定義される皮相力率は以下のようになる．

$$\cos\phi = \frac{E_o I_d}{\sqrt{3}VI} = \frac{\frac{3\sqrt{2}}{\pi}VI_d}{\sqrt{3}V\sqrt{\frac{2}{3}}I_d} = \frac{3}{\pi} \cong 0.955 \qquad (4.13)$$

4.2 位相制御回路

4.2.1 単相全波位相制御回路

整流回路のダイオードをサイリスタに置き換え，サイリスタが導通するタイミング α（**点弧角**あるいは**点弧遅れ角**と呼ぶ）を制御することによって，直流出力電圧を制御することができる．これを**位相制御**（phase angle control），このような回路を**位相制御回路**（phase angle control circuit）と呼ぶ．

図 4.10 に**単相全波位相制御回路**（single-phase full-wave phase angle control circuit）を示す．いま，電源電圧の極性は図に示す通りとし，サイリスタ T_2, T_3 に電流が流れている場合を考える．点弧角 α でサイリスタ T_1, T_4 にゲート信号を加え導通させると，サイリスタ T_2, T_3 には逆電圧が加わりターンオフする．電流 i_d はサイリスタ T_1, T_4 を通って流れ，この状態は次にサイリスタ T_2, T_3 にゲート信号が加わるまで続く．平滑リアクトルのインダクタンス L が十分大きく，電流 i_d の脈動は無視できるものとすると，定常状態における各部波形は図 4.11 のようになる．これより直流出力電

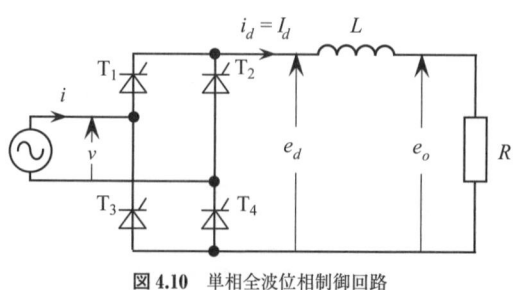

図 4.10 単相全波位相制御回路

4.2 位相制御回路

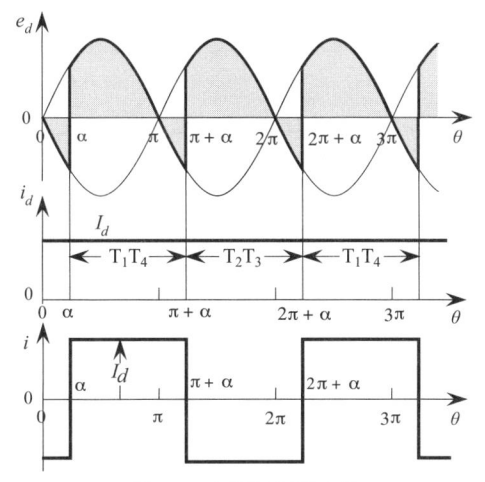

図 4.11 各部電圧電流波形

圧 E_o,整流電圧の平均値 E_d,直流出力電流 I_d,交流電流の実効値 I および回路の皮相力率 $\cos\phi$ はそれぞれ次式のように書ける.

$$\left.\begin{aligned}
E_o &= E_d = \frac{1}{\pi}\int_{\alpha}^{\pi+\alpha}\sqrt{2}V\sin\theta\,d\theta = \frac{2\sqrt{2}}{\pi}V\cos\alpha \\
I_d &= \frac{E_o}{R} \\
I &= \sqrt{\frac{1}{2\pi}\int_{\alpha}^{2\pi+\alpha}i^2\,d\theta} = \sqrt{\frac{1}{2\pi}\int_{\alpha}^{2\pi+\alpha}I_d^2\,d\theta} = I_d \\
\cos\phi &= \frac{E_d I_d}{VI} = \frac{2\sqrt{2}}{\pi}\cos\alpha
\end{aligned}\right\} \quad (4.14)$$

【例題 4.2】 単相全波整流回路の 2 個のダイオードをサイリスタに置き換えた図 4.12 の回路を**単相混合ブリッジ回路**(single-phase hybrid bridge circuit)と呼んでいる.この回路の負荷として $R = 8.4\,\Omega$ の抵抗が接続

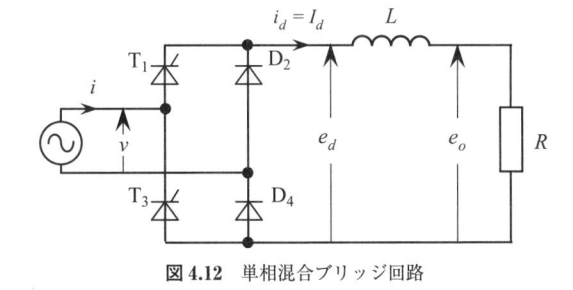

図 4.12 単相混合ブリッジ回路

されている．平滑用リアクトルのインダクタンス L が十分大きく電流の脈動が無視できるとして，以下の値を求めよ．ただし電源電圧の実効値 $V=100$ V，点弧角 $\alpha=30°$ とする．

(1) 直流出力電圧の平均値 E_o，(2) 直流出力電流の平均値 I_d，(3) サイリスタ電流の平均値 I_T，(4) ダイオード電流の平均値 I_D，(5) 交流電流の実効値 I．

【解答】 図4.13に動作波形を示す．サイリスタと異なりダイオードは順方向電圧が加わると自動的に導通するので電流 I_d が D_2，D_4 を通って流れるモードが発生する．この動作モードを還流モードと呼んでいる．図より

(1) $E_o = E_d$
$= \dfrac{1}{\pi} \int_\alpha^\pi \sqrt{2} V \sin\theta d\theta$
$= \dfrac{\sqrt{2}}{\pi} V(1+\cos\alpha)$
$= 84.0$ [V]

(2) $I_d = \dfrac{E_d}{R} = 10.0$ [A]

(3) $I_T = \dfrac{1}{2\pi} \int_\alpha^\pi I_d d\theta = \dfrac{1}{2\pi}(\pi-\alpha)I_d = 4.17$ [A]

(4) $I_D = \dfrac{1}{2\pi} \int_0^{\pi+\alpha} I_d d\theta = \dfrac{1}{2\pi}(\pi+\alpha)I_d = 5.83$ [A]

(5) $I = \sqrt{\dfrac{1}{\pi}\int_\alpha^\pi i^2 d\theta} = \sqrt{\dfrac{1}{\pi}\int_\alpha^\pi I_d^2 d\theta} = I_d\sqrt{1-\dfrac{\alpha}{\pi}} = 9.13$ [A]

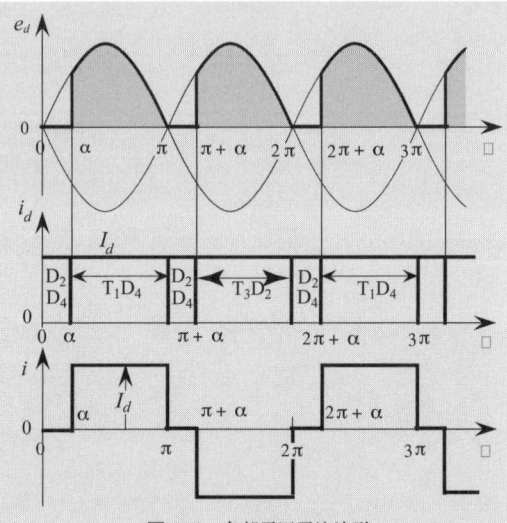

図4.13 各部電圧電流波形

4.2.2 三相全波位相制御回路

図4.14に，**三相全波位相制御回路**（three-phase full-wave phase-angle control circuit）を示す．この回路は別名**グレッツ結線**と呼ばれ，広く用いられている．図4.15に各部電圧電流波形を示す．ただし平滑リアクトルを流れる電流 I_d は脈動しないとしている．

サイリスタの点弧遅れ角を α とすると，直流出力電圧の平均値 E_o は次のように書ける．

4.2 位相制御回路

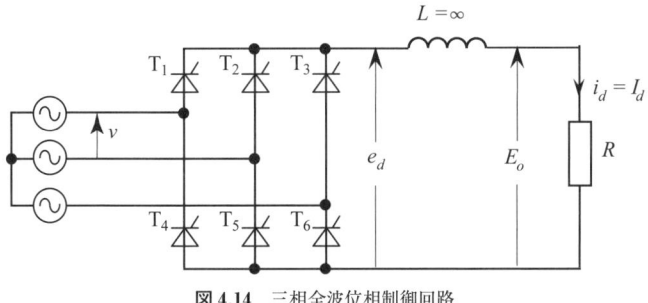

図 4.14 三相全波位相制御回路

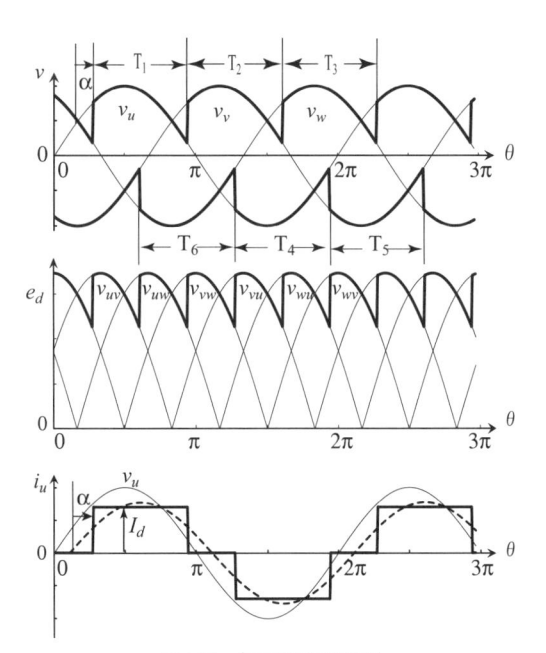

図 4.15 各部電圧電流波形

$$E_o = E_d = \frac{3}{\pi}\int_{-\pi/6+\alpha}^{\pi/6+\alpha} v_{wv}d\theta = \frac{3}{\pi}\int_{-\pi/6+\alpha}^{\pi/6+\alpha} \sqrt{2}V\cos\theta d\theta = \frac{3\sqrt{2}}{\pi}V\cos\alpha \quad (4.15)$$

また，負荷に出力される電力 P は次式で与えられる．

$$P = E_o I_d, \quad \text{ただし} \quad I_d > 0 \quad (4.16)$$

図 4.16 に出力電圧の平均値 E_o と点弧遅れ角 α との関係を示す．三相全波位相制御回路が交流電力を直流電力に変換（整流器動作）し，負荷に直流電力を

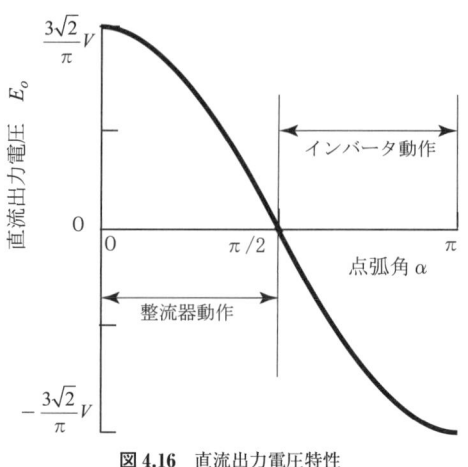

図 4.16 直流出力電圧特性

供給するためには $E_o \geq 0$ であることが必要であり，整流器動作の範囲は $0 \leq \alpha \leq \pi/2$ である．

$\pi/2 \leq \alpha \leq \pi$ の範囲では，直流電力が交流電力に変換される，いわゆるインバータ動作になる．インバータ動作を継続して行わせるためには，直流出力電圧を打ち消し，さらに正方向に直流電流を流しつづける直流電源が必要となる．このような原理で動作するインバータのことを**他励インバータ**（external commutated inverter）と呼んでいる．位相制御を行うと基本波電流の位相は点弧遅れ角 α だけ遅れ，皮相力率も悪化する．

【例題 4.3】 図 4.14 に示す三相全波位相制御回路を点弧遅れ角 α で制御した場合の基本波力率および皮相力率を求めよ．ただし平滑リアクトルを流れる電流は一定とする．

【解答】 平滑リアクトルを流れる電流の大きさを I_d とすると，交流電流の実効値 I は次式で求められる．

$$I = \sqrt{\frac{1}{\pi}\int_0^{2\pi/3} I_d^2 d\theta} = \sqrt{\frac{2}{3}}\, I_d \tag{4.17}$$

交流電流をフーリエ展開すると

$$i = \frac{2\sqrt{3}}{\pi} I_d \left(\sin\theta - \frac{1}{5}\sin 5\theta - \frac{1}{7}\sin 7\theta + \frac{1}{11}\sin 11\theta + \cdots \right) \tag{4.18}$$

その基本波成分の実効値 I_1 は次式で与えられる．

$$I_1 = \frac{\sqrt{6}}{\pi} I_d \quad (4.19)$$

したがって，皮相力率 $\cos\phi$ ならびに基本波力率 $\cos\phi_1$ は次のようになる．

$$\cos\phi = \frac{E_o I_d}{\sqrt{3} V I} = \frac{\frac{3\sqrt{2}}{\pi} V \cos\alpha \times I_d}{\sqrt{3} V \sqrt{\frac{2}{3}} I_d} = \frac{3}{\pi} \cos\alpha \cong 0.955 \cos\alpha$$

$$\cos\phi_1 = \frac{E_o I_d}{\sqrt{3} V I_1} = \frac{\frac{3\sqrt{2}}{\pi} V \cos\alpha \times I_d}{\sqrt{3} V \frac{\sqrt{6}}{\pi} I_d} = \cos\alpha \quad (4.20)$$

4.2.3 交流電源と変換器動作

三相全波位相制御回路では，直流出力電圧の平均値を E_o，直流出力電流の平均値を I_d とすると

① $0 \leq \alpha \leq \pi/2$ の範囲で $E_o \geq 0$，$I_d > 0$ となり整流器動作（$P > 0$）

② $\pi/2 \leq \alpha \leq \pi$ の範囲で $E_o \leq 0$，$I_d > 0$ となりインバータ動作（$P < 0$）

となることを示した．ところで，点弧遅れ角 α が π 以上の範囲ではどのようになるか検討してみよう．

図 4.17 に交流側の u 相電圧 v_u と u 相電流 i_u，整流電圧 e_d および直流出力電流 I_d の関係を異なる α に対して示す．ただし負荷として定電流源が接続されており直流出力電流は脈動しないとしている．図より $\alpha > \pi$ の範囲に対して次の関係が得られる．

③ $\pi \leq \alpha \leq 3\pi/2$ の範囲で $E_o \leq 0$，$I_d < 0$ となり整流器動作（$P > 0$）

④ $3\pi/2 \leq \alpha \leq 2\pi$ の範囲で $E_o \geq 0$，$I_d < 0$ となりインバータ動作（$P < 0$）

すなわち $\alpha > \pi$ の範囲では $I_d < 0$ となるため，図 4.14 に示す三相全波位相制御回路のサイリスタの導通方向を逆にすることが必要である．また①～④のすべての領域で動作させる（これを **4 象限運転** という）ためには，図 4.18 に示すように 2 台の三相全波位相制御回路を逆並列に接続した**逆並列接続順逆変換装置**（anti-parallel connected converter）が必要となる．

4. AC–DC 変換装置

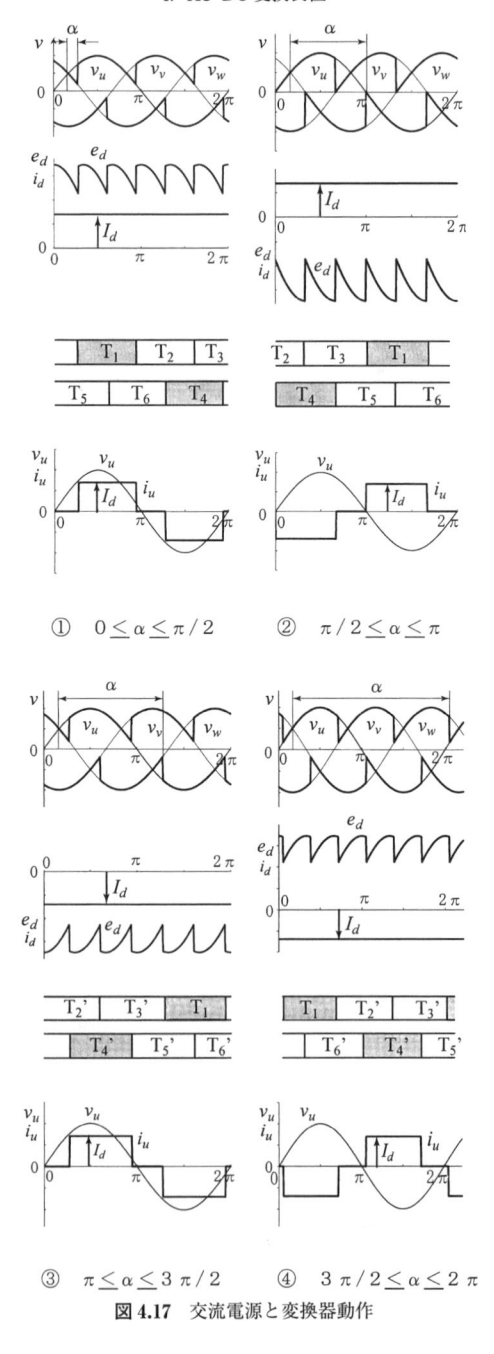

① $0 \leq \alpha \leq \pi/2$ ② $\pi/2 \leq \alpha \leq \pi$

③ $\pi \leq \alpha \leq 3\pi/2$ ④ $3\pi/2 \leq \alpha \leq 2\pi$

図 4.17 交流電源と変換器動作

4.2 位相制御回路

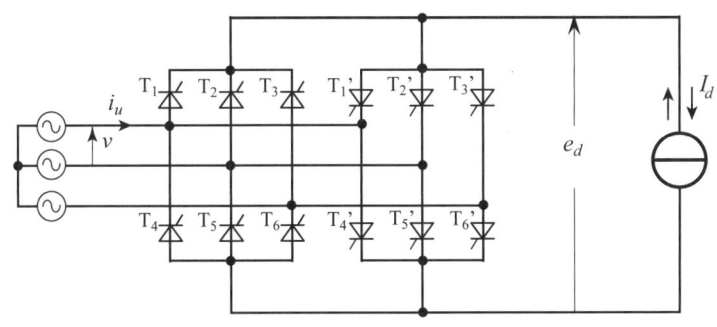

図4.18 逆並列接続三相純逆変換装置

4.2.4 重なり角

図 4.19 に示すように，三相全波位相制御回路の交流電源に直列にインダクタンスが接続されている場合を考えてみよう．実際の回路においても変圧器の漏れインダクタンスや電線の自己インダクタンスのために，若干のインダクタンスがあるのが普通である．

簡単のため，平滑リアクトルが十分大きく直流出力電流は一定とみなしうると仮定する．また，点弧遅れ角を α とし，u 相のサイリスタ T_1 から v 相の T_2 への転流を考える．u 相ならびに v 相に関して次の式が成り立つ．

$$v_u - L_1 \frac{di_u}{dt} = v_v - L_1 \frac{di_v}{dt} = e_+ \tag{4.21}$$

いま，図 4.20 の $5/6\pi + \alpha$ の時点を時間軸の原点 $(t=0)$ とすると，次の条件式が成り立つ．

$$v_{v-u} = v_v - v_u = \sqrt{2} V \sin(\omega t + \alpha)$$

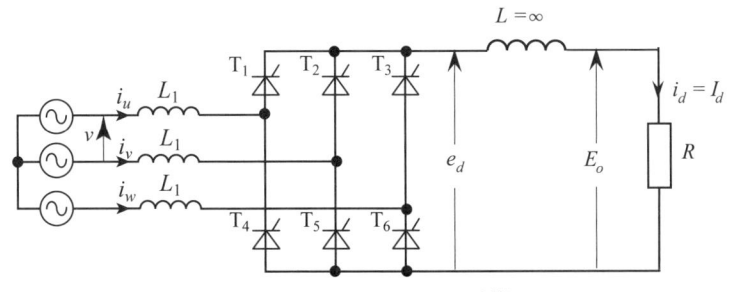

図 4.19 漏れインダクタンスの影響

$$i_u + i_v = I_d$$
$$i_u(0) = I_d$$
$$i_v(0) = 0$$

これらの条件式のもとに式 (4.21) を解けば，次式を得る．

$$i_v = \frac{V}{\sqrt{2}\omega L_1} \{\cos \alpha - \cos(\omega t + \alpha)\} \tag{4.22}$$

$$i_u = I_d - i_v$$

この期間では u 相電流と v 相電流が同時に流れる．この期間を**重なり期間** (overlapping period) と呼び，u で表す．この重なり期間 u は u 相電流がゼロになる時間で求まり，負荷電流が大きくなるほど重なり期間は長くなる．

$$u = -\alpha + \cos^{-1}\left(\cos\alpha - \frac{\sqrt{2}\omega L_1 I_d}{V}\right) \tag{4.23}$$

重なり期間中の + 側の電位 e_+ は，次のように転流に関係する相電圧の平均値となり，図 4.20 に示すように減少する．

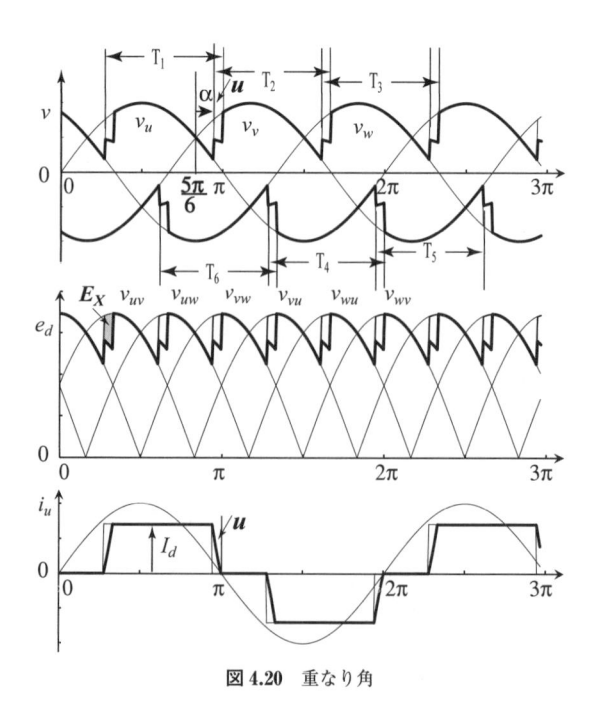

図 4.20　重なり角

$$e_+ = \frac{1}{2}(v_u + v_v) \tag{4.24}$$

この電圧減少分を**平均リアクタンス電圧降下** E_X と呼び，次式で与えられる．

$$\begin{aligned}E_X &= \frac{3\omega}{\pi}\int_0^{u/\omega}(v_v - e_+)\,dt = \frac{3\omega}{\pi}\int_0^{u/\omega} L_1 \frac{di_v}{dt}\,dt \\ &= \frac{3\omega L_1}{\pi}\int_0^{I_d} di_v = \frac{3\omega L_1}{\pi} I_d\end{aligned} \tag{4.25}$$

なお，インダクタンスの値が大きくなると重なり期間が 60° を超え，重なり期間が終わらないうちに次の転流が始まり，結果として三相のすべての相が短絡される，いわゆる**二重重なり期間**が発生する．

4.3 PWM コンバータ

近年，パワーエレクトロニクス装置の普及に伴い，パワーエレクトロニクス装置から発生する高調波ひずみが大きな問題となっている．パワーエレクトロニクス装置が発する高調波は低い周波数から電磁波まで広い周波数帯域を含むが，特に整流回路や位相制御回路が発する 3 倍，5 倍の比較的低周波の成分の除去は，フィルタ容量が大きくなり困難である．また，位相制御回路が発する遅れ電流成分の補償も厄介な問題である．そのため近年，AC-DC 変換装置として，入力電流波形を力率 1 の正弦波形に制御できる **PWM コンバータ**を採用するケースがでてきた．本節では，この PWM コンバータについて簡単に述べる．

4.3.1 単相 PWM コンバータ

単相 PWM コンバータ（single-phase PWM converter）として種々の回路が提案されているが，図 4.21 にその一例を示す．本回路は単相全波整流回路とブースト形 DC-DC 変換装置を組み合わせた構成になっており，複合型の整流回路である．図 4.22 に示すように，チョッパに流入する電流を電源の電圧波形に同期して正弦波状に PWM 制御することによって，電源から流入する入力電流波形を力率 1，正弦波形にしている．

4.3.2 三相 PWM コンバータ

第 3 章で述べた正弦波 PWM インバータは，DC 電力を AC 電力に変換する

図 4.21 単相 PWM コンバータ

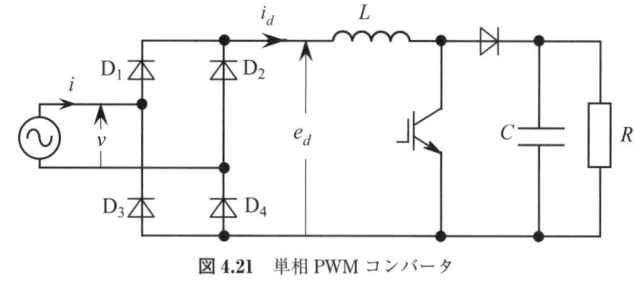

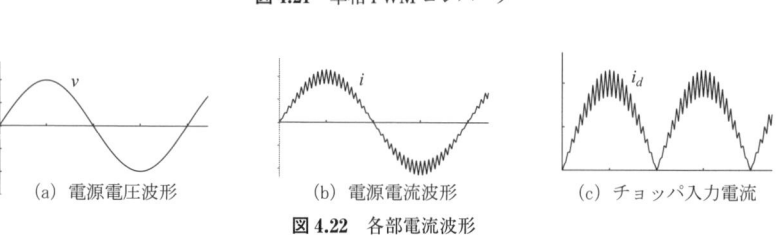

(a) 電源電圧波形　(b) 電源電流波形　(c) チョッパ入力電流
図 4.22 各部電流波形

インバータ動作だけでなく AC 電力を DC 電力に変換する回生動作も可能であり，AC–DC 変換装置として用いることもできる．

図 4.23 に示す回路は，**三相 PWM コンバータ**（three-phase PWM converter）と呼ばれ，PWM インバータと組み合わせる AC–DC 変換装置として広く用いられている．コンバータの入力電流波形が常に入力電圧と同相の正弦波形（力率 1）になるように PWM 制御を行う．またコンバータの出力電圧が指令電圧に一致するように駆動・回生動作の切り換えや電流振幅の制御を行う．

なお，入力電流波形を正弦波に制御するためには，直流電圧を交流電圧のピーク値以上の一定電圧に保つ必要があり，直流出力電圧を自由に制御することはできない．

演習問題

4.1 図 4.24 に示す単相半波整流回路の負荷として，(1) $R=10\ \Omega$ の抵抗，(2) $L=50$ mH のインダクタンス，(3) $E_b=100$ V，内部抵抗 $r=1\ \Omega$ の蓄電池を接続した場合の，① 直流出力電圧の平均値 E_d，② 直流出力電流の平均値 I_d，③ ダイオードに加わる尖頭逆電圧 V_{PRV} をそれぞれ計算せよ．ただし，交流電圧の実効値 $V=100$ V，周波数 $f=50$ Hz とする．

4.2 図 4.25 に示す電源，サイリスタ T，負荷抵抗 R が直列に接続された単相半波

演 習 問 題   97

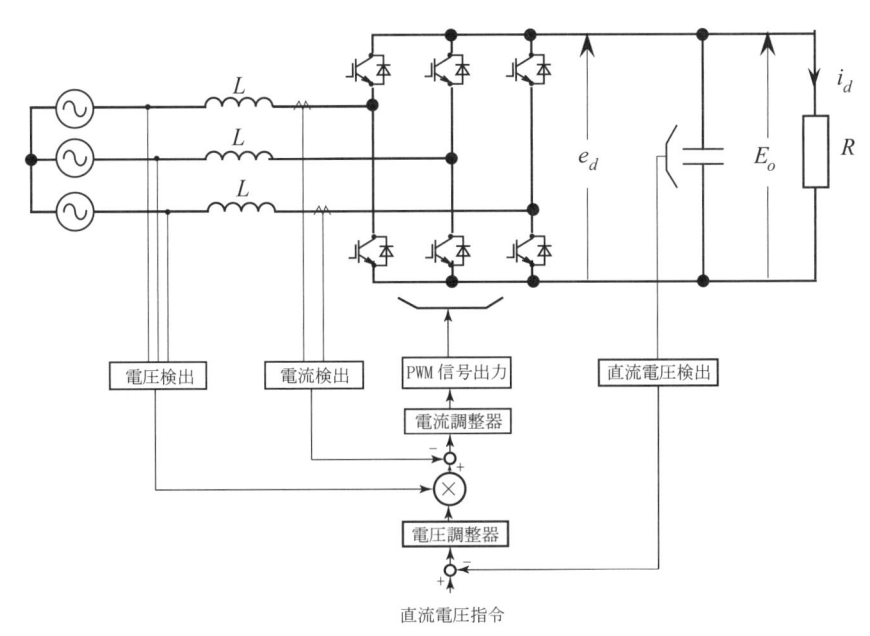

図4.23 三相PWMコンバータ

位相制御回路において，サイリスタの端子間電圧を直流電圧計で測定したところ40 Vであった．次の値をそれぞれ求めよ．ただし，交流電圧の実効値 $V=100$ V，$R=8\,\Omega$ とする．
(1) 平均直流電圧 E_d，(2) 平均直流電流 I_d，(3) サイリスタの点弧角 α．

4.3 図4.10に示す全波整流位相制御回路の負荷として $R=10\,\Omega$ の抵抗が接続されている．平滑リアクトルのインダクタンスLは十分大きく，直流出力電圧の脈動が

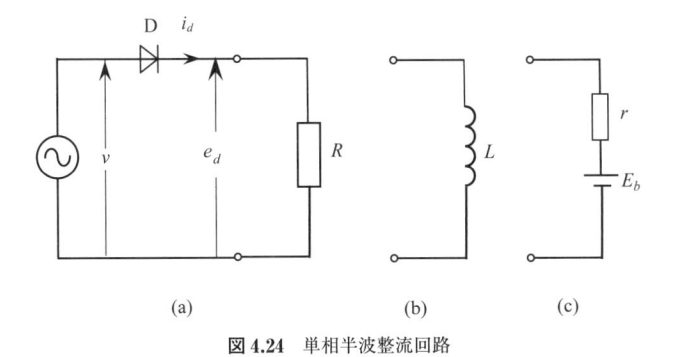

図4.24 単相半波整流回路

無視できるものとして次の値を求めよ．ただし，電源電圧の実効値 $V=100$ V，点弧角 $\alpha=45°$ とする．
(1) 直流出力電圧の平均値 E_d，(2) 直流出力電流の平均値 I_d，(3) 交流電流の実効値 I，(4) 力率 $\cos\phi$，(5) 基本波力率 $\cos\phi_1$．

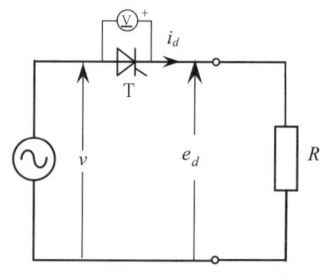

図 4.25 単相半波位相制御回路

4.4 図 4.26 に示す単相混合ブリッジ回路において一定の直流出力電流 I_d が流れている．いま，電源電圧の実効値を V，点弧角を α としたとき，基本波力率を 1 に改善するために回路に並列に挿入すべきコンデンサ C の値を求めよ．

4.5（平成 17 年電験 2 種） 図 4.27 のようなダイオードを用いた三相ブリッジ結線の整流回路がある．これについて次の問に答えよ．ただし，交流電圧は三相平衡電圧で，直流電流は完全に平滑されているものとする．また，回路には損失がなく，転流重なり現象は無視できるものとする．
 (1) 交流側線間電圧が $V_{ab}=\sqrt{2}V_r\sin\omega t$ の場合，図の電圧波形を参照して直流平均電圧 V_d を求めよ．
 (2) 入力側交流電流は通流角 $2\pi/3$ rad の方形波であるとし，この電流の実効値 I_r を求めよ．ただし，直流電流の平均値は一定とする．
 (3) V_d が 250 V，I_d が 1,400 A であるとき，次の a～c の値を求めよ．
 a．ダイオードにかかる逆ピーク電圧 V_p，b．ダイオードを流れる順電流の平均値 I_{av}，c．変圧器の所要容量 P．

4.6（平成 8 年電験 1 種） 図 4.28 は，サイリスタを用いた三相ブリッジ結線の交直流変換装置について，順変換動作時の動作を説明する電圧波形を示したものである．ただし，転流リアクトルの影響は無視している．この図を参照して次の問に答えよ．
 (1) 交流側の相電圧（実効値）を E_a とするとき，直流出力電圧瞬時値 e_d を表す

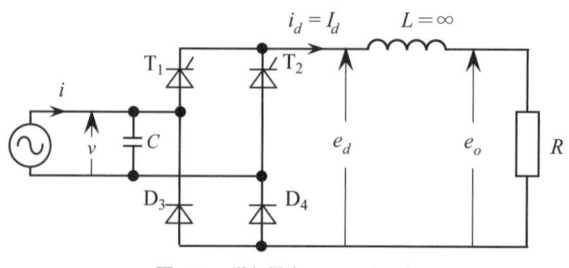

図 4.26 単相混合ブリッジ回路

演 習 問 題

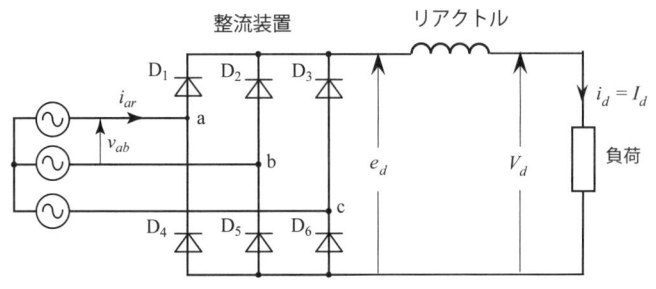

図 4.27 三相ブリッジ結線整流装置

式および平均出力電圧 E_d を表す式を導け．ただし変換装置の制御遅れ角を α とし，直流側電圧降下は無視するものとする．

(2) 直流電流 I_d が完全に平滑であり，交流側には方形波（矩形波）の交番電流が流れるとして，この交番電流実効値 I_a と直流電流 I_d との関係を表す式を導け．

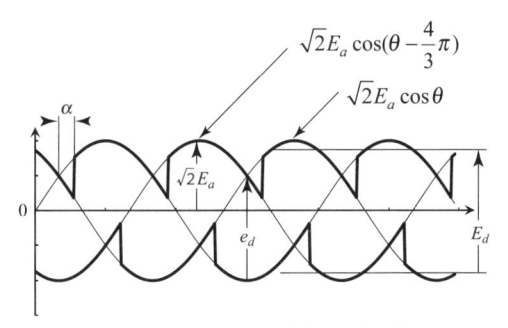

図 4.28 三相ブリッジ結線交直流変換装置

(3) 上記 (1)，(2) で求めた関係を用い，直流電圧 62.5 kV，直流電流 800 A の直流電力を得るために必要な交流側皮相電力 kVA を求めよ．ただし，変換装置の制御遅れ角は 30° とする．

解 答

4.1

(1) 抵抗負荷のときには，電源電圧が正の期間ダイオードが導通する．

① $E_d = \dfrac{\sqrt{2}V}{2\pi} \int_0^\pi \sin\theta d\theta = \dfrac{\sqrt{2}V}{\pi} = 45.0$ [V]

② $I_d = \dfrac{E_d}{R} = 4.5$ [A]

③ $V_{PRV} = \sqrt{2}V = 141.4$ [V]

(2) ダイオードは $\theta=0$ で導通し，電流が 0 の時点で消弧する．この消弧する角度を消弧角 β と呼び，純 L 負荷の場合 $\beta = 2\pi$ となる．

① $E_d = \dfrac{1}{2\pi}\int_0^{2\pi} L \dfrac{di_d}{dt} d\theta = 0$ [V]

② $I_d = \dfrac{1}{2\pi}\int_0^{2\pi} \dfrac{\sqrt{2}V}{\omega L}(1-\cos\theta)d\theta = \dfrac{\sqrt{2}V}{\omega L} = 9.0$ [A]

③ $V_{PRV} = 0$ [V]

(3) ダイオードが導通する角度を α_i, 消弧する角度を β_i とすると,

$$\alpha_i = \sin^{-1}\left(\dfrac{E_b}{\sqrt{2}V}\right), \quad \beta_i = \sin^{-1}\left(\dfrac{E_b}{\sqrt{2}V}\right) = \pi - \alpha$$

したがって

① $E_d = E_b + \dfrac{1}{2\pi}\int_{\alpha_i}^{\beta_i}(\sqrt{2}V\sin\theta - E_b)d\theta = 106.8$ [V]

② $I_d = \dfrac{1}{2\pi}\int_{\alpha_i}^{\beta_i}\dfrac{1}{r}(\sqrt{2}V\sin\theta - E_b)d\theta = \dfrac{1}{r}(E_d - E_b) = 6.8$ [A]

③ $V_{PRV} = E_b + \sqrt{2}V = 241.4$ [V]

4.2 サイリスタが導通しているときには電源電圧は負荷抵抗に加わり, サイリスタがオフの期間では, 電源電圧はサイリスタの端子間電圧 e_T となる. 電源電圧の平均値は 0 であるので, 平均直流電圧 E_d とサイリスタの端子間電圧 E_T との間には $E_d = E_T$ の関係がある.

(1) $E_d = E_T = 40$ [V]

(2) $I_d = \dfrac{E_d}{R} = 5$ [A]

(3) $\alpha = \cos^{-1}\left(\dfrac{\sqrt{2}\pi}{V}E_d - 1\right) = 39.0°$

4.3

(1) $E_d = \dfrac{1}{\pi}\int_{\alpha}^{\pi+\alpha}\sqrt{2}V\sin\theta d\theta = \dfrac{2\sqrt{2}}{\pi}V\cos\alpha = 63.7$ [V]

(2) $I_d = \dfrac{E_d}{R} = 6.37$ [A]

(3) $I = \sqrt{\dfrac{1}{2\pi}\int_{\alpha}^{2\pi+\alpha}i^2 d\theta} = I_d = 6.37$ [A]

(4) $\cos\phi = \dfrac{E_d I_d}{VI} = \dfrac{2\sqrt{2}}{\pi}\cos\alpha = 0.617$

(5) $\cos\phi_1 = \dfrac{E_d I_d}{VI_1} = \cos\alpha = 0.707$

4.4 コンデンサ C には，単相混合ブリッジを流れる遅れ電流成分を補償する進み電流を流す必要がある．

$$C = \frac{\sqrt{2}\,I_d}{\pi \omega V} \sin \alpha$$

4.5

(1) $V_d = \dfrac{3}{\pi} \displaystyle\int_{\pi/3}^{2\pi/3} \sqrt{2}\,V_r \sin\theta\,d\theta = \dfrac{3\sqrt{2}}{\pi} V_r$

(2) $I_r = \sqrt{\dfrac{1}{\pi} \displaystyle\int_{\pi/3}^{\pi} I_d^2\,d\theta} = \sqrt{\dfrac{2}{3}}\,I_d$

(3) a : $V_p = \sqrt{2}\,V_r = \sqrt{2}\,\dfrac{V_d}{3\sqrt{2}/\pi} = \dfrac{\pi}{3}V_d = 262$ [V]

  b : $I_{av} = \dfrac{1}{2\pi}\left(I_d \times \dfrac{2}{3}\pi\right) = \dfrac{1}{3}I_d = 467$ [A]

  c : $P = 3 \times E_r I_r = \sqrt{3}\,V_r I_r = \sqrt{3} \times \dfrac{V_d}{3\sqrt{2}/\pi} \times \sqrt{\dfrac{2}{3}}\,I_d = \dfrac{\pi}{3}V_d I_d = 367$ [kVA]

4.6

(1) $e_d = \sqrt{6}\,E_a \cos\left(\theta - \dfrac{\pi}{6}\right)$, $E_d = \dfrac{3\sqrt{6}}{\pi} E_a \cos\alpha$

(2) $I_a = \dfrac{\sqrt{6}}{3}I_d$

(3) 60,459 [kVA] ≒ 60.5 [MVA]

Tea Time

接触変流機

交流の直流への変換は,古くて新しい問題である.良質の直流電力は電気分解や電気メッキにとって欠くことのできないものであり,パワーエレクトロニクス技術の開発以前にもさまざまな装置が考案され,利用されてきた.図に示す回路は1940年にコッペルマン(F. Koppelmann)によって提案された接触変流機である.ばねによって加圧されたシリンダー形スイッチと同期電動機で駆動されるカムを組み合わせ,交流電圧に同期して機械的スイッチを切り替えるもので,[270〜400 V,5,000〜24,000 A] の装置が製作され,電気化学工業に使用された.低電圧出力時の効率が極めてよいという特長があり,日本にも1952年以来30台を超える設備がソーダ電解槽やマグネシウム電解槽用として導入された.しかし,落雷などによる急激な電圧変動で誤作動する事故が頻発し,またサイリスタを用いた大容量半導体整流装置が出現したため用いられなくなった.

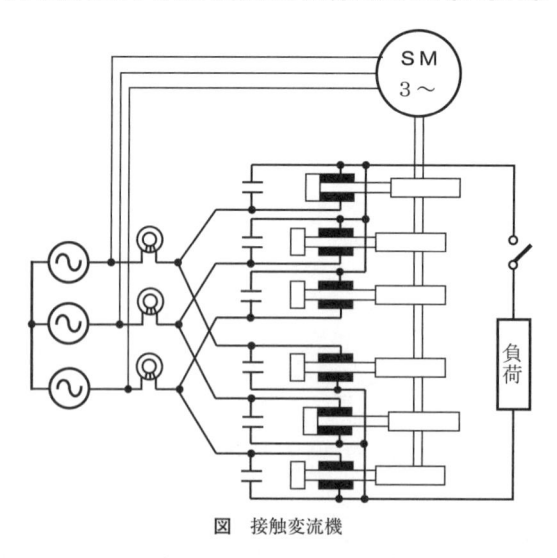

図 接触変流機

5 AC-AC 変換装置

現在，AC-AC 変換装置としては交流電力調整回路と整流器-インバータシステムが広く用いられている．交流電力調整回路は出力電圧を調整する機能を持ち調光装置や誘導電動機のスタータとして用いられている．整流器-インバータシステムは AC 電力を一度直流電力に変換し，それを異なる周波数，異なる電圧の AC 電力に再度変換する装置で，家庭用のインバータエアコンから産業用ロボット，さらには圧延機の駆動電源など，パワーエレクトロニクス装置を代表する装置として広く用いられている．また近年，次世代の駆動電源としてマトリックスコンバータが注目を浴びている．本章では，これらの AC-AC 変換装置について説明する．

5.1 交流電力調整回路

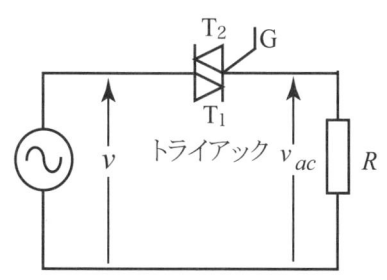

5.1.1 単相交流電力調整回路

図 5.1 に，調光装置として広く用いられている**単相交流電力調整回路**（single-phase AC power controller）の回路構成を示す．同様の回路構成で交流電力のオンオフに用いられる装置は **AC スイッチ**と呼ばれている．スイッチング素子としては**トライアック**（triac）と呼ばれる半導体素子が用いられている．トライアックは図 5.2 (a) に示すように，2 個のサイリスタが逆並列に接続された回路と等価であり，図 5.2 (c) に示すように npnpn の 5 層構造となっている．トライアックは 1 個の素子と 1 組のゲート制御回路で交流電力を制御できるので，小容量の交流電力調整回路や AC スイッチ用素子として広く用いられている．

いまこの回路に抵抗負荷が接続されて

図 5.1 単相交流電力調整回路

(a) 等価回路　　(b) 図記号　　　　　　(c) 基本構造

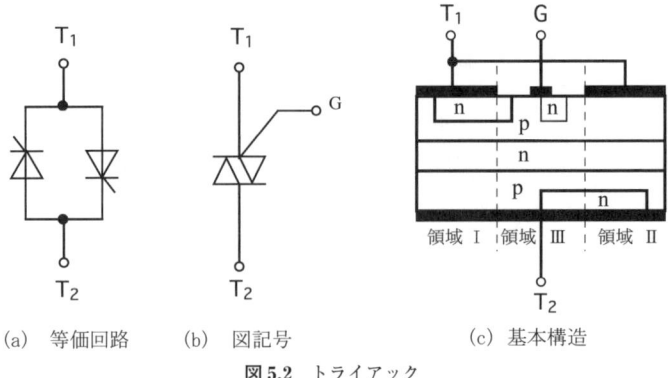

図 5.2 トライアック

いる場合を考えてみよう．ここで第 4 章と同様に電源電圧は正弦波とし，次式で書けるとする．

$$v = \sqrt{2}V\sin\theta, \quad \theta = \omega t$$

トライアックが点弧角（制御遅れ角）αで動作しているとすると，0～αの期間オフ，α～πの期間オンとなり，交流出力電圧は図 5.3 に示すような交流波形となる．これより交流出力電圧の実効値 V_o は次式で与えられる．

$$V_o = \sqrt{\frac{1}{\pi}\int_\alpha^\pi (\sqrt{2}V\sin\theta)^2 d\theta} = V\sqrt{\left(1-\frac{\alpha}{\pi}\right)+\frac{1}{2\pi}\sin 2\alpha} \quad (5.1)$$

図 5.4 に交流出力電圧 V_o と点弧角 α との関係を示す．α を変えることによ

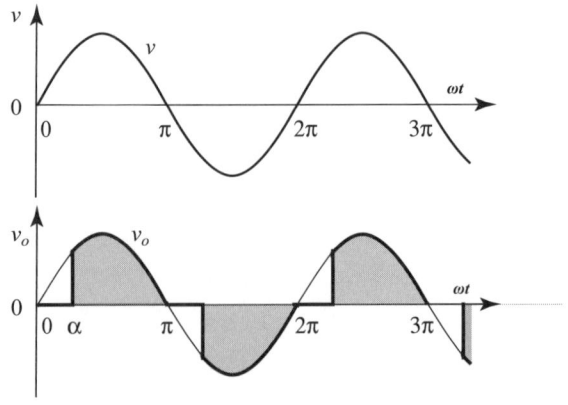

図 5.3 単相 AC スイッチの出力電圧波形（抵抗負荷）

図 5.4 交流出力電圧

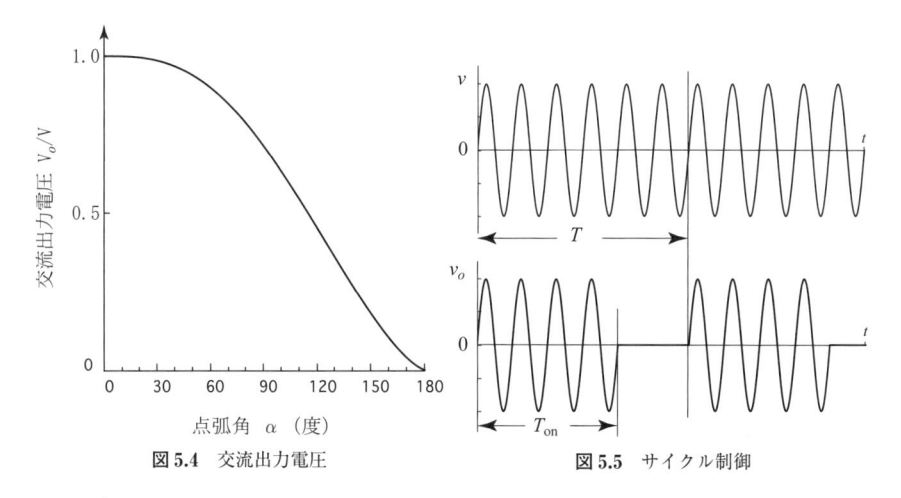

図 5.5 サイクル制御

って交流出力電圧を変化させ，ランプの照度などを自由に制御することができる．

【例題 5.1】 電熱装置のように熱時定数が大きい負荷に対しては，数秒あるいはそれ以上の周期でオンオフ制御してもよい．このような場合には，図 5.5 に示すサイクル制御と呼ばれる制御方式が用いられる．電源電圧の実効値を V とし，負荷電圧の実効値 V_o および負荷電力 P を求めよ．

【解答】 図 5.5 のように通流期間 T_{on} は電源周期の整数倍となるので，電圧調整率は段階的に変化する．なお温度制御の場合の負荷は抵抗と考えてよい．

いま，電源電圧が次式で与えられるとすると，
$$v = \sqrt{2}V\sin\theta, \quad \theta = \omega t$$
負荷電圧の実効値 V_o は次式となる．

$$V_o = \sqrt{\frac{1}{T}\int_0^{T_{on}}(\sqrt{2}V\sin\theta)^2 dt} = V\sqrt{\frac{1}{T}\int_0^{T_{on}}(1-\cos 2\omega t)dt}$$
$$= V\sqrt{\frac{T_{on}}{T}} \quad (5.2)$$

温度制御の場合，負荷は抵抗 R と考えられるので負荷電力 P は次式で書ける．

$$P = \frac{V_o^2}{R} = \frac{V^2}{R}\frac{T_{on}}{T}$$

5.1.2 三相交流電力調整回路

図 5.6 に**三相電力調整回路**（three-phase AC power controller）の基本回路

を示す．比較的小容量の場合，図に示す逆並列に接続されたサイリスタの代わりにトライアックが用いられる．三相電力調整回路は出力電圧を位相制御することにより，一次電流を制限し電動機の焼損を防ぐ三相誘導電動機用の始動器や比較的狭い範囲の速度制御装置として用いられている．

図 5.6 三相交流電力調整回路

5.2　整流装置-インバータシステム

AC-DC 変換装置である整流器や PWM コンバータと，DC-AC 変換装置である PWM インバータを組み合わせて任意の電圧，周波数の交流を発生させる**整流装置-インバータシステム**は，可変速駆動装置の電源として，小容量から大容量まで広く用いられている．

図 5.7 は整流器と電圧形 PWM インバータを組み合わせた例であり，現在用いられているほとんどの交流可変速システムがこの構成となっている．なお回生動作が必要な応用の場合は，整流器の代わりに第 3 章で述べた 180° 通電形の電圧形インバータをコンバータに用いた 6 ステップコンバータや第 4 章で述べた PWM コンバータが用いられる．

5.3　マトリックスコンバータ

マトリックスコンバータ（matrix converter）は交流電力を別の周波数の交流電力に直接変換するもので，イタリアのベントリーニ（M. Venturini）によ

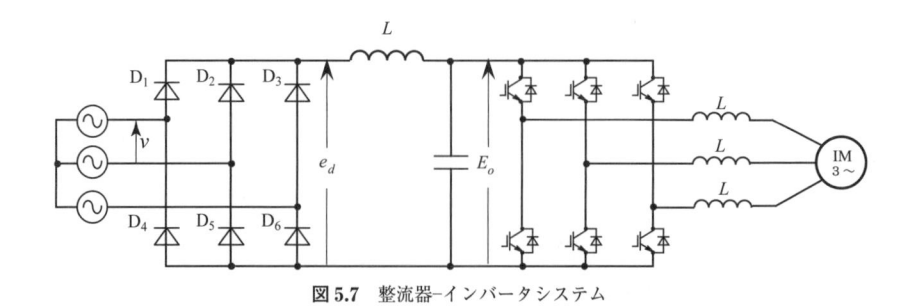

図 5.7 整流器-インバータシステム

り1972年に提案された．図5.8 (a) に示すように，電源側と負荷側が両方向スイッチによりマトリックス状に接続されていることからこの名前がつけられているが，図5.8 (b) のように書き換えることができるのでPWMサイクロコンバータとも呼ばれている．

マトリックスコンバータは，通常のサイクロコンバータが自然転流を用いるのに対し，可制御素子を用いて入出力波形のPWM制御を行うもので，
① 比較的小容量の自己消弧形スイッチング素子を用いて大容量の装置が構成できる．また，DCリンク回路がないため電解コンデンサなどエネルギー蓄積要素を必要とせず小型で大容量の装置が製作できる
② 一般の整流器-インバータ方式やコンバータ-インバータ方式に比べて直列に接続されるスイッチ素子数が少ないために，導通時の電圧降下に伴う損失が減少し，高効率が期待できる
③ 4象限運転が容易に実現できる．また，入力電流波形を基本波力率1の正弦波形に制御できる

など，優れた特長を持っている半面，
④ 両方向スイッチを構成するために，順逆両方向の耐圧を持つ高速の自己消弧形スイッチング素子が必要となる
⑤ 内部にエネルギー蓄積要素を持たないため，電源電圧や負荷の変動など，入力側や出力側で発生した変動が他方に影響を及ぼしやすい

など，実用化するうえで解決すべき多くの問題点があった．

マトリックスコンバータの実用化は**逆阻止IGBT**（reverse blocking IGBT）の開発，転流時の電源短絡を防止する点弧シーケンスの考案，さらには電源電圧変動に瞬時に対応でき入出力波形を制御できる高速制御回路の実現により初めて可能になった．

マトリックスコンバータは，2005年6月に株式会社 安川電機により世界で初めて商品化され，電源高調波対策が必要とされる可変速用途，エレベータなど繰り返し負荷や回生電力が大きい昇降用途，重負荷で低速運転や迅速な減速が必要な用途など，10 kVAの小容量機から6,000 kVAの大容量機までの環境にやさしい省エネドライブとして，さまざまな分野に応用され始めている．

図5.9に逆阻止IGBTモジュールの外観と内部構造を，図5.10に市販されて

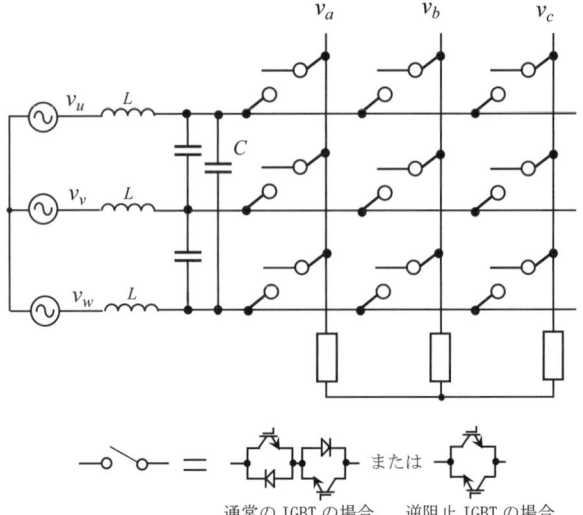

(a) マトリックスコンバータの構成

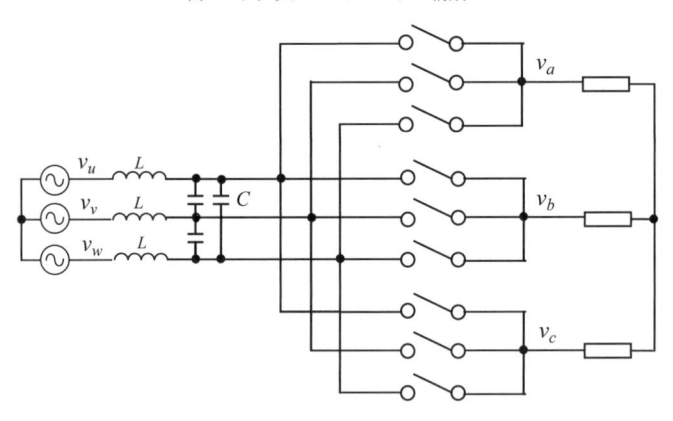

通常の IGBT の場合　　逆阻止 IGBT の場合

(b) PWM サイクロコンバータ

図 **5.8**　マトリックスコンバータ

いるマトリックスコンバータの外観を示す.

マトリックスコンバータの出力電圧は次式で与えられる.

$$v_o = \frac{T_u}{T} v_u + \frac{T_v}{T} v_v + \frac{T_w}{T} v_w \tag{5.3}$$

上式に含まれる電源各相への接続時間 T_u, T_v, T_w を適切に制御することによ

5.3 マトリックスコンバータ

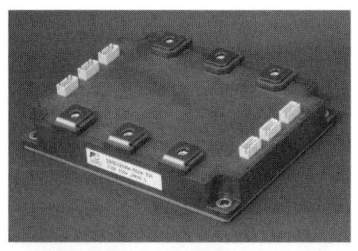

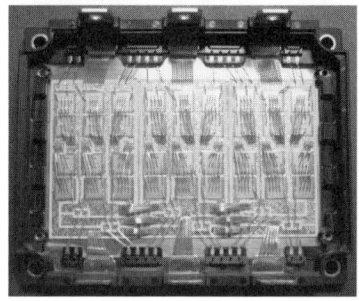

図 5.9 逆阻止 IGBT モジュールの外観と内部構造
富士電機 600 V/200 A, RB–IGBT 18 個入り.

図 5.10 マトリックスコンバータの外観
安川電機 200 V/33 kVA, 400 V/38 kVA.

入力波形
　線間電圧
　相電流

出力波形
　線間電圧
　相電流

(a) 整流器–インバータシステム　　(b) マトリックスコンバータ

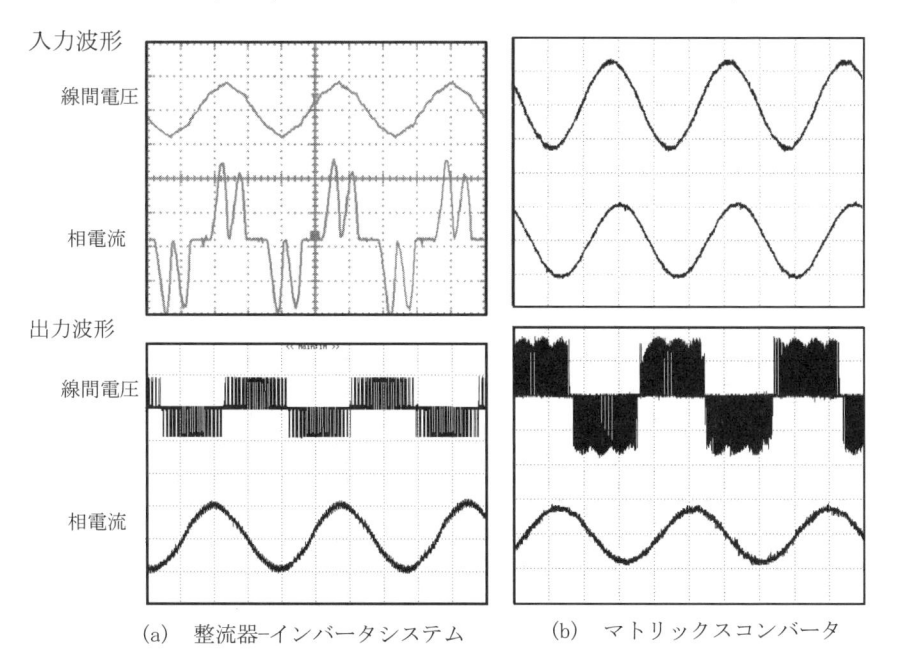

図 5.11 入出力電圧・電流波形の比較（安川電機提供）

表 5.1 各種 AC–AC 変換方式の比較

Topologies	整流器 +PWM インバータ	6 ステップコンバータ +PWM インバータ	PWM コンバータ +PWM インバータ	マトリックス コンバータ
システム構成				
総合効率	良好	普通	普通	良好
入力力率・ひずみ率	不良	普通	良好	良好
回生動作	不可能	普通	良好	良好
PWM 出力の電圧レベル	3 レベル ($+V_{DC}, 0, -V_{DC}$)	3 レベル ($+V_{DC}, 0, -V_{DC}$)	3 レベル ($+V_{DC}, 0, -V_{DC}$)	5 レベル ($+V_{MAX}, +V_{MID},$ $0, -V_{MID},$ $-V_{MAX}.$ ただ し $V_{MAX} \neq V_{MID}$)
耐久性 （寿命）	普通	普通	普通	高寿命 （電解コンデンサが不要）
漏れ電流	普通	普通	大きい	小さい
サージ電圧	高い	高い	高い	普通

って，図 5.11 に示すように出力電流波形のみならず入力電流波形も力率 1 の正弦波に制御することができる．表 5.1 にマトリックスコンバータの特徴を整流器-インバータシステムなどと比較して示す．

演習問題

5.1（平成 14 年電験 2 種）図 5.12（a）は，サイリスタを使用した双方向制御型単相交流電力調整回路を示す．図において，入力電圧を $v_i = \sqrt{2} V_i \sin \omega t$，抵抗負荷を R，サイリスタを T_1, T_2 とし，それらの点弧角は等しく α として，次の問に答えよ．ただし，サイリスタの損失は無視するものとする．
 (1) 負荷電圧の実効値 V_o を入力電圧の実効値 V_i および点弧角 α を用いて表せ．
 (2) 入力力率 $\cos \phi$ を α を用いて表せ．
 (3) サイリスタ T_1 に流れる電流の平均値 I_T を V_i, R および α を用いて表せ．
 (4) 図 5.12（b）のようにサイリスタ T_2 をダイオード D_2 で置き換えたとき，負荷電圧の平均値 V_{av} を V_i および α を用いて表せ．ただし，ダイオードの損失は無視するものとする．

演 習 問 題

5.2 サイクル制御で1サイクルオン，4サイクルオフのときの出力電圧の高調波を計算せよ．ただし，電源電圧は 100 V，50 Hz とする．

5.3（平成9年電験1種） 図5.13のようなサイリスタの逆並列回路があり，負荷に正弦波電流 $i(t) = I_m \sin \omega t$ が流れている．ただし ω は角周波数，t は時間とする．この回路に関し次の値を求めなさい．
　（1）各サイリスタに流れる電流の平均値 I_T，（2）各サイリスタを流れる電流の実効値 I_{Trms}，（3）I_{Trms} と負荷電流の実効値 I_{rms} の比．

5.4 図5.6に示す三相交流電力調整回路に抵抗 R の負荷が接続されたときの，負荷電流の実効値 I_{rms} を求めよ．

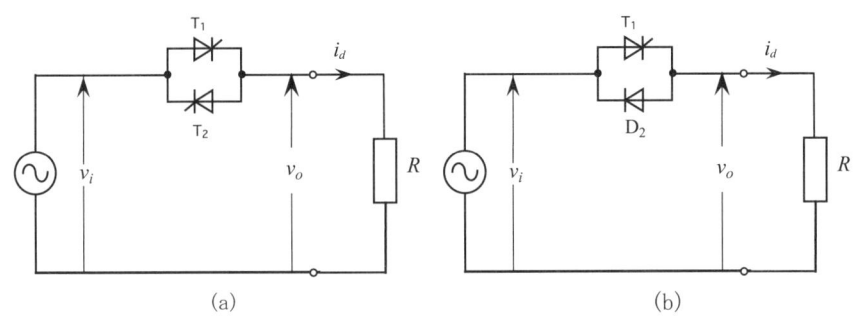

(a)　　　　　　　　　　　(b)

図 5.12　単相交流電力調整回路

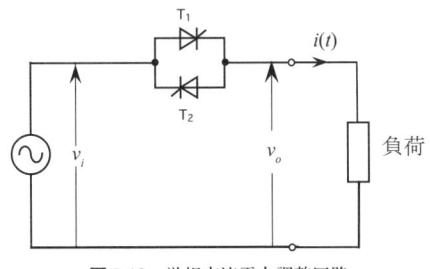

図 5.13　単相交流電力調整回路

解 答

5.1

(1) $V_o = \sqrt{\dfrac{1}{\pi}\int_\alpha^\pi v_i^2 d(\omega t)} = V_i\sqrt{\left(1-\dfrac{\alpha}{\pi}\right)+\dfrac{\sin 2\alpha}{2\pi}}$

(2) $\cos\phi = \dfrac{V_o I_L}{V_i I_L} = \sqrt{\left(1-\dfrac{\alpha}{\pi}\right)+\dfrac{\sin 2\alpha}{2\pi}}$

(3) $I_T = \dfrac{1}{2\pi}\int_\alpha^\pi \dfrac{\sqrt{2}V_i}{R}\sin(\omega t)d(\omega t) = \dfrac{\sqrt{2}V_i}{2\pi R}(1+\cos\alpha)$

(4) $V_{av} = \dfrac{1}{2\pi}\int_\alpha^{2\pi}\sqrt{2}V_i\sin(\omega t)d(\omega t) = \dfrac{\sqrt{2}V_i}{2\pi}(\cos\alpha - 1)$

5.2 基本周波数は 10 Hz であり,出力電圧の原点を図 5.14 のように選ぶと奇関数となるので,フーリエ級数

$$v_o = \sum_{n=1}^\infty (a_n \cos n\omega_f t + b_n \sin n\omega_f t)$$

の係数 a_n, b_n は次式で表される.

$$a_n = 0$$

$$b_n = -\dfrac{100\sqrt{2}}{\pi}\dfrac{10}{5^2-n^2}\sin\dfrac{2n\pi}{10}$$

ただし $b_5 = -20\sqrt{2}$, $\omega_f = 20\pi$

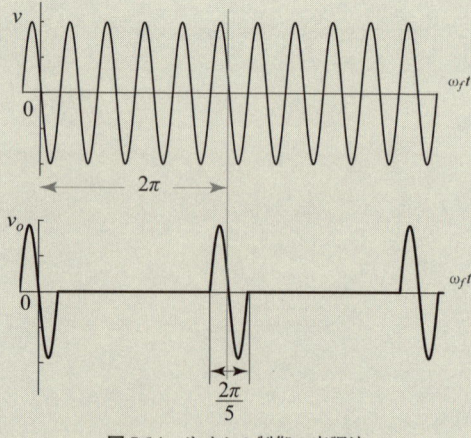

図 5.14 サイクル制御の高調波

5.3

(1) $I_T = \dfrac{1}{2\pi}\int_0^\pi I_m \sin\theta d\theta = \dfrac{I_m}{\pi}$

(2) $I_{Trms} = \sqrt{\dfrac{1}{2\pi}\int_0^\pi I_m^2 \sin^2\theta d\theta} = \dfrac{I_m}{2}$

(3) $I_{rms} = \dfrac{I_m}{\sqrt{2}}$, $\dfrac{I_{Trms}}{I_{rms}} = \dfrac{\sqrt{2}}{2}$

5.4

(i) $0 \leq \alpha \leq \pi/3$

$I_{rms} = I\sqrt{1 - \dfrac{3\alpha}{2\pi} + \dfrac{3}{4\pi}\sin 2\alpha}$

(ii) $\pi/3 \leq \alpha \leq \pi/2$

$I_{rms} = I\sqrt{\dfrac{1}{2} + \dfrac{3}{4\pi}\sin 2\alpha + \dfrac{3}{4\pi}\sin\left(2\alpha + \dfrac{\pi}{3}\right)}$

(iii) $\pi/2 \leq \alpha \leq 5\pi/6$

$I_{rms} = I\sqrt{\dfrac{5}{4} - \dfrac{3\alpha}{2\pi} + \dfrac{3}{4\pi}\sin\left(2\alpha + \dfrac{\pi}{3}\right)}$

ただし，電源相電圧の実効値を V としたとき，$I = V/R$

Tea Time

ソフトウェア制御，ハードウェア制御

　パワーエレクトロニクスでは，パワーとエレクトロニクスを結びつける制御部が重要な構成要素となっている．当初はアナログ回路を駆使したハードウェア制御で実現していた．その後マイクロプロセッサの飛躍的な進歩により実時間でのソフトウェア制御が可能となり，複雑な制御が次々と実現されてきた．さらに近年では，FPGA に代表されるユーザが書き換え可能なディジタルハードウェア素子と，その容量の増大により，ソフトウェアでは実現できなかった高速の演算が可能となり，再度ハードウェアでの制御が着目されてきた．将来的には，お互いの長所が融合した素子が登場し，ソフト，ハードといった区別がなくなる日が来るかもしれない．そのときソフトなハードウェア制御というのか，ハードなソフトウェア制御というのか，楽しみでもある．

6 パワーエレクトロニクスの応用

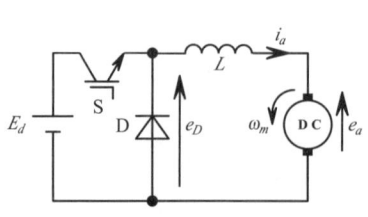

6.1 チョッパによる直流電動機の駆動

直流電動機は端子電圧を調整することで容易に速度制御できるため，従来から DC–DC 変換装置を用いた**チョッパ方式**，AC–DC 変換装置を用いた**静止レオナード方式**と呼ばれる**直流機ドライブ方式**が採用されている．チョッパを用いる方式は，直流を電源とする電車などの輸送機に使用される**直流直巻電動機**の速度制御に適しており，高効率で高速かつスムースな速度制御が可能になる．

図 6.1 は降圧形チョッパを用いた直流電動機の駆動システムを示す．ただし，L は電流平滑用リアクトルであり，直巻電動機の場合は界磁巻線が利用される．また，i_a, e_a, ω_m はそれぞれ電機子電流，逆起電力および回転角速度である．いま，降圧形チョッパに PWM を適用し，チョッパが電流連続モードで動作し，かつ直流電動機の電機子抵抗 R_a が小さいとすると，定常状態における動作波形は図 6.2 のようになる．e_a, i_a, e_D の平均値を各々 E_a, I_a, E_D とすると，E_D は

$$E_D = \frac{1}{T}\int_0^T e_D dt = \frac{1}{T}\int_0^{T_{on}} E_d dt = DE_d \tag{6.1}$$

図 6.1 チョッパによる直流電動機の駆動

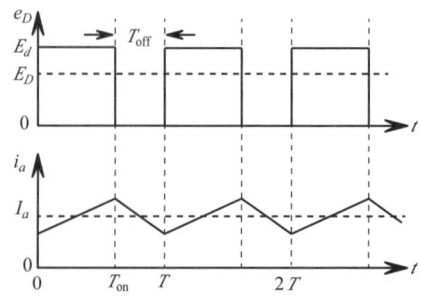

図 6.2 チョッパの動作波形

となり，これが電動機端子電圧に等しいので，降圧形チョッパで駆動される直流電動機の電圧と電流の関係は

$$DE_d = E_a + R_a I_a \tag{6.2}$$

のように表される．ただし，Φ を電動機1極当りの磁束，K_a を電動機構造で決まる定数とすると，

$$E_a = K_a \Phi \omega_m \tag{6.3}$$

である．このとき，電動機の発生トルク T_e および回転角速度 ω_m は

$$T_e = K_a \Phi I_a \ [\text{N-m}] \tag{6.4}$$

$$\omega_m = \frac{E_a}{K_a \Phi} \ [\text{rad/s}] \tag{6.5}$$

で与えられ，E_a がほぼ DE_d に等しいので，デューティ比 D を変えることにより速度制御できることがわかる．

ところで，一般に直流電動機の運転状態は図6.3に示すような4つの領域で表現できる．ただし，図のように軸 T_e-ω_m は I_a-E_a で置き換えても同じである．I象限からIV象限のすべての領域で動作可能な運転は，**4象限運転**（four-quadrant operation）と呼ばれている．このような観点から考えると，図6.1の運転方式は電圧および電流が一方向であるので，I象限だけで運転する1象限運転（single-quadrant operation）である．図6.1にスイッチとダイオードを各々1個追加して，図6.4のように変換器部を図2.11と同じ構成にすると，パワーフローが可逆になる．スイッチ S_1 をオンオフ制御するときは図6.1に相当するI象限での運転であるのに対し，スイッチ S_2 をオンオフ制御するときは変換器は昇圧形チョッパ，電動機は発電機として動作し，エネルギーを電源へ返還しながら制動するII象限での運転となる．このような制動方法を**回生制動**（regenerative braking）といい，図6.4の構成では2象限運転（two-quadrant operation）が可能になる．直流電動機を逆転まで含めた4象限で運転するためには，変換器部を図6.5

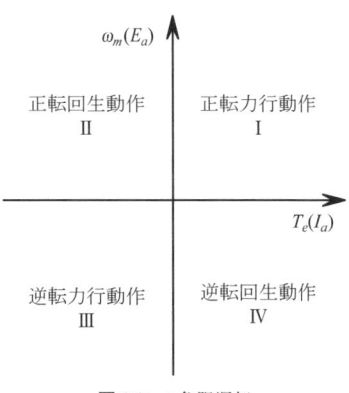

図6.3 4象限運転

	$\omega_m(E_a)$	
正転回生動作 II		正転力行動作 I
逆転力行動作 III		逆転回生動作 IV

(軸: $T_e(I_a)$)

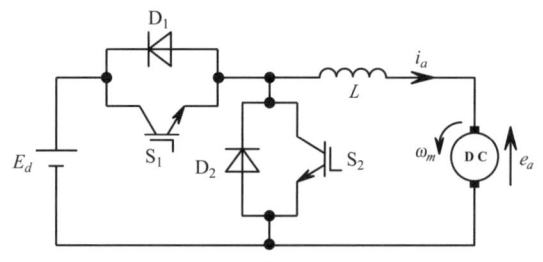

図 6.4 直流電動機の 2 象限運転

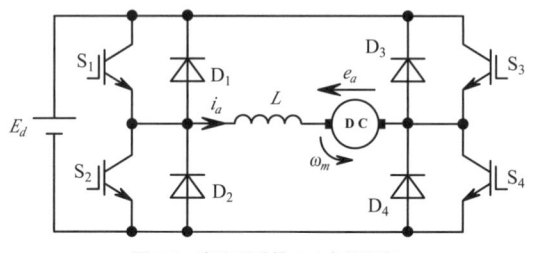

図 6.5 直流電動機の 4 象限運転

に示すように DC-AC 変換装置と同じ構成にすればよい．具体的には図 6.5 において，S_3 オフ，S_4 オンで S_1 をオンオフ制御したとき $E_a>0$, $I_a>0$（I 象限），S_3 オフ，S_4 オンで S_2 をオンオフ制御したとき $E_a>0$, $I_a<0$（II 象限），S_1 オフ，S_2 オンで S_3 をオンオフ制御したとき $E_a<0$, $I_a<0$（III 象限），S_1 オフ，S_2 オンで S_4 をオンオフ制御したとき $E_a<0$, $I_a>0$（IV 象限）となり，すべての動作領域で運転可能であることがわかる．

なお，チョッパで直流電動機を駆動したとき，電源電流が断続し，電源電圧の変動や EMI などの原因となることがある．このような欠点を改善するためには，電源側にフィルタを設けたり，チョッパを多重化すればよい．

6.2 インバータによる交流電動機の駆動

交流の電圧，電流，周波数を調節できるインバータは，交流機の駆動特性を飛躍的に高めた．交流機のさまざまな負荷特性に対応して，インバータの回路方式や制御方式が多種多様に活用されている．ここでは誘導機と同期機の駆動例を概説する．

6.2.1 誘導電動機の駆動

誘導電動機（induction motor）は構造上堅牢で保守が容易な半面，すべりを伴うために正確な速度制御が困難とされてきたが，パワーエレクトロニクスの発展により速度制御やトルク制御の制御性が飛躍的に改善され，いまや直流機の制御性を凌ぐ特性を持つに至っている．

誘導電動機の制御には一次電圧制御，V/f 一定制御，すべり周波数制御，ベクトル制御，二次電力制御のサイリスタセルビウス方式などがあるが，ここでは誘導機の特性を直流機特性にまで高めた**ベクトル制御**（vector control）について述べる．

図 6.6 に一次側に換算した誘導電動機の**簡易等価回路**を示す．この等価回路では鉄損成分を無視し，二次側の漏れインダクタンスは等価的に一次側に換算している．この等価回路は基本的には定常状態を表すものであるが，特に磁束をつくる励磁電流成分が一定の場合には，過渡状態も表示することができる．

ベクトル制御は，磁束を作る励磁電流成分とトルクを発生するトルク電流成分を区別し，必要な各成分から一次電流の指令値を演算作成し，この電流をインバータで与えるようにしたものである．図 6.6 の簡易等価回路において，一次電流成分 I_1 は励磁電流成分 I_0 とトルク電流成分 I_2 の和であり，I_0 と I_2 には $\pi/2$ の位相差がある．

$$I_1 = \sqrt{I_0^2 + I_2^2} \tag{6.6}$$

$$\theta = \tan^{-1} \frac{I_2}{I_0} \tag{6.7}$$

したがって，発生トルク T は，ϕ を磁束，k を定数とすると

$$T = k\phi I_2 \tag{6.8}$$

で与えられるから，ϕ を作る I_0 とトルクを発生する I_2 から I_1 を定めることに

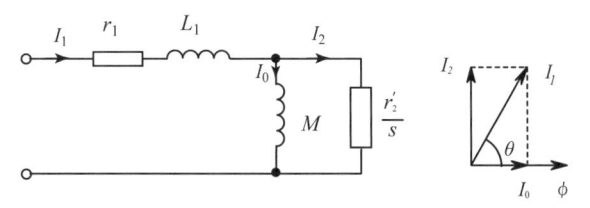

図 6.6 誘導機の簡易等価回路とベクトル図

より所定のトルク T を得ることができる.

ここで，$\omega M I_0 = (r_2'/s) I_2$ からすべり角周波数 ω_s は

$$\omega_s = s\omega = \frac{r_2' I_2}{M I_0} \tag{6.9}$$

$$\omega = \omega_2 + \omega_s \tag{6.10}$$

したがって，一次電流の大きさ I_1，位相 θ，角周波数 ω を制御すること，すなわち一次電流のベクトルを制御することにより，速度とトルクを制御することができる．

これらを実行するブロック線図を図 6.7 に示す．速度指令と誘導機速度の帰還信号から速度制御器によってトルク電流指令値 I_2^* を，また励磁電流指令値 I_0^* を用いて，式 (6.6) の I_1^*，式 (6.7) の θ^*，式 (6.9) の ω_s^* が求められる．また，速度帰還信号 ω と ω_s^* から式 (6.10) の ω^* を，さらにこれを積分することにより回転磁界の位相角 $\theta_0^* (= \omega t)$ が得られるので，これに θ^* を加えて電流制御の位相角が決まる．したがって，これら一次電流の大きさと位相

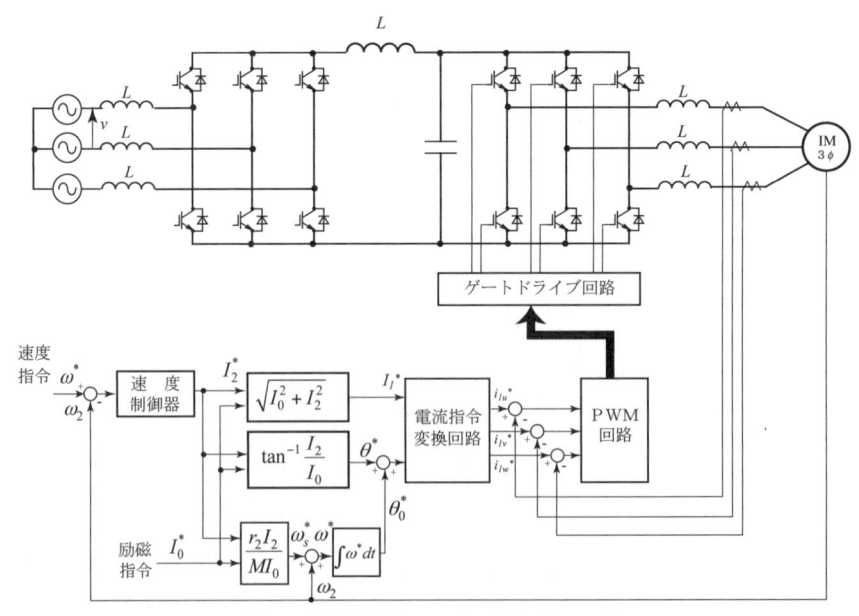

図 6.7 誘導電動機のベクトル制御ブロック図

角より，電流指令変換回路において

$$\begin{aligned} i_{1u}^* &= I_1^* \sin(\omega^* t + \theta^*) \\ i_{1v}^* &= I_1^* \sin\left(\omega^* t + \theta^* - \frac{2\pi}{3}\right) \\ i_{1w}^* &= I_1^* \sin\left(\omega^* t + \theta^* + \frac{2\pi}{3}\right) \end{aligned} \quad (6.11)$$

として三相の電流指令値 I_1^* (i_{1u}^*, i_{1v}^*, i_{1w}^*) に変換，これらを実際の誘導機各相瞬時電流 i_1 (i_{1u}, i_{1v}, i_{1w}) と比較調整し，インバータのPWM信号が形成される．

一次電流の大きさと周波数のみで制御するすべり周波数制御に対して，位相角の制御を加えたものがベクトル制御であるが，これにより過度振動を抑えた発生トルクが得られるようになり，負荷急変時の応答などが改善された．

6.2.2 同期電動機の駆動

同期電動機は電源周波数によって回転数が決まるので，インバータと組み合わせることで可変速駆動制御が可能となる．ここでは近年著しく進歩した**永久磁石同期電動機**（PMSM：permanent magnet synchronous motor）を用いた駆動系について説明する．同期電動機は同期速度で定トルクを発生するため開ループでも高精度な可変速駆動を実現することもできるが，回転子の磁極位置を検出しベクトル制御を行うことで直流機を凌ぐ性能を発揮できる．

詳細は省略するが，回転子の磁極位置に同期した回転座標変換を施すことで三相交流の諸量を直流量として取り扱うことができる．これはdq変換と呼ばれている．いま電機子抵抗をR，電機子インダクタンスをL，トルク定数をk_t，回転子機械角速度をω_m，回転子電気角速度をω_e，微分演算子をPとした場合，dq軸の電圧方程式は次式で表される．

$$\left. \begin{aligned} v_q &= (R+LP)i_q + L\omega_e i_d + k_t \omega_m \\ v_d &= (R+LP)i_d - L\omega_e i_q \end{aligned} \right\} \quad (6.12)$$

両軸は互いに干渉しているが，干渉項をキャンセルするような制御指令値を与えることにより互いに独立した制御ができる．また同期機の発生トルク T_e は

$$T_e = k_t i_q \quad (6.13)$$

となり，q軸電流を制御することで直流機と同等の制御が可能となる．一方で

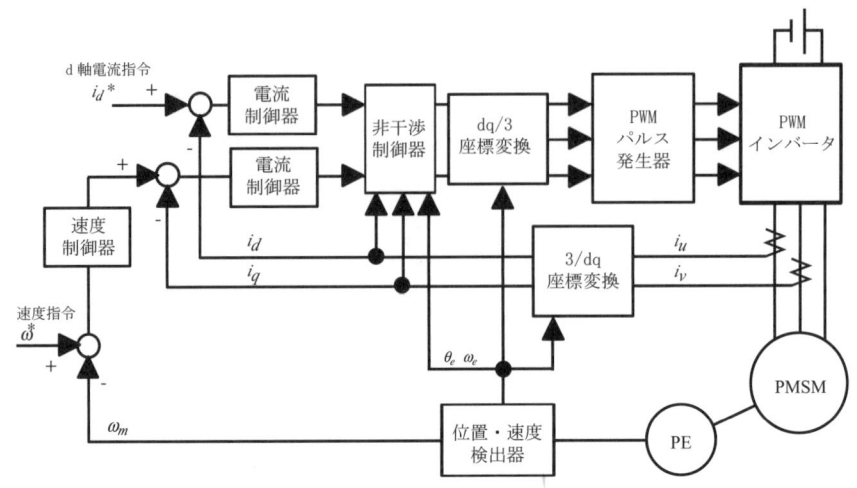

図 6.8 同期電動機のベクトル制御ブロック図

d軸電流はトルクには寄与しないため，銅損を最少化にするには $i_d=0$ となる制御を行うのが一般的である．

実際には，座標変換やトルク制御，速度制御などの複雑な演算が必要であり，同期機の回転子位置検出機，制御演算装置，PWM 制御回路などが組み込まれたインバータ装置と PMSM とを一対の装置として使用することとなる．図 6.8 に PMSM 速度制御系の構成例を示す．

以上は回転子表面に永久磁石を張り付けた**表面磁石同期電動機**（SPMSM：surface permanent magnet synchronous motor）での説明であるが，近年は，リラクタンストルクも利用できる**埋込磁石同期電動機**（IPMSM：interior permanent magnet synchronous motor）が開発され産業用や車載用の電動機として利用されている．IPMSM では dq 軸インダクタンスが $L_d \neq L_q$ ($L_d < L_q$) であり，発生トルクは

$$T_e = k_t i_q + (L_d - L_q) i_d i_q \tag{6.14}$$

となり，d 軸に電流を流すことでリラクタンストルクを利用できる．また，突極性を利用した位置センサレス制御も提案されている．

6.3 電力系統への応用

電力系統とは発電から需要までのシステム全体のことをいう．北海道・東北・東京の東日本の各電力会社が 50 Hz，中部・北陸・関西・中国・四国・九州・沖縄の各電力会社が 60 Hz の交流で送配電を行っている．電力会社は周波数や電圧の変動などを最小限に抑えて電力を需要家に供給しなければならない．両周波数間の緊急時の電力応援や安定化のために，2 つの周波数間には直流連系設備が設けられている．また，**FACTS**（flexible AC transmission system）と呼ばれるパワーエレクトロニクス技術を取り入れて電力系統の制御性を高めるシステムが導入されている．主な FACTS 機器としては，サイリスタ制御リアクトル（TCR：thyristor controlled reactor）や無効電力補償装置（STATCOM：static synchronous compensator），アクティブフィルタ（AF：active filter）などがある．

本節では，パワーエレクトロニクスの電力系統への応用例として，直流連系システムと次世代電力網について概説する．

6.3.1 直流連系設備

日本では，両周波数系統間の緊急時の電力応援や経済融通，安定化などの目的で 1965 年に佐久間周波数変換所で初めて直流連系設備が導入された．図 6.9 に**周波数変換所**の主回路構成図を示す．図 6.9 のように同じ変換器を背中合わせに結線しているため，この直流連系回路を **BTB**（back-to-back）と呼ぶ．佐久間周波数変換所の場合，変圧器を介して系統と接続された三相サイリスタ

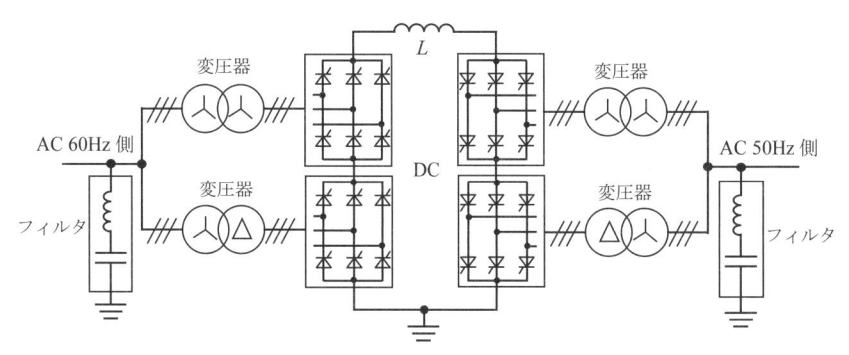

図 6.9　周波数変換所の主回路

変換器により AC 275 kV（50 Hz あるいは 60 Hz）から DC 125 kV へ一度変換し，再度 AC 275 kV（60 Hz あるいは 50 Hz）に変換する直流連系により，異なる周波数間での電力融通を実現している．サイリスタのスイッチングによる高調波電流を吸収するため，各交流側にはフィルタが接続されている．現在では同様の設備が佐久間周波数変換所（定格容量 300 MW），新信濃周波数変換所（定格容量 600 MW），東清水周波数変換所（2006 年現在，定格容量 300 MW 中 100 MW のみ稼動）に設置されている．また，直流連系設備としては北海道-東北電力間の北本直流連系設備（定格容量 600 MW），北陸-中部電力間の南福光変電所（定格容量 300 MW），四国-関西電力間の紀伊水道直流連系設備（定格容量 2800 MW）がある．

最近では，GTO を用いた自励式 BTB 装置も開発されつつあり，従来のサイリスタ変換器を用いた他励式で生じる高調波電流などの問題の解決が期待されている．

6.3.2 次世代電力網

エネルギー資源の確保や省エネルギーなどへの期待から，世界中で太陽光発電や風力発電などの分散型電源が大量に電力系統に連系されつつある．また，プラグインハイブリッドカー（PHEV：plug-in hybrid electric vehicle）や電気自動車（EV）など，電気エネルギー利用負荷の将来的な増加が見込まれている．このような分散型電源が既存の系統に多数連系されると電力網（grid）内の潮流制御が困難になり，大停電を引き起こす要因となりうる．日本では系統容量が小さく，電力の安定供給を脅かす恐れがあるため導入可能な再生可能エネルギーによる発電容量に制限がある．このような電力網の問題を解決するために図 6.10 に示す**スマートグリッド**（smart grid）が検討されている．スマートグリッドには，電力需要と発電量のバランスをとることが期待されている．電力需要の把握には，**スマートメータ**（smart meter）と呼ばれる通信機能を備えた高機能電力計を用いる．スマートメータは，双方向情報通信ネットワークに接続されており，この情報ネットワークにより大容量蓄電池や分散型電源，FACTS 機器を統合的に制御することで，系統の健全化を図りながら発電量が天候に依存する再生可能エネルギーの導入量を増すことができる．欧米各国を中心として現在，スマートグリッドに関する実証試験が行われており，実

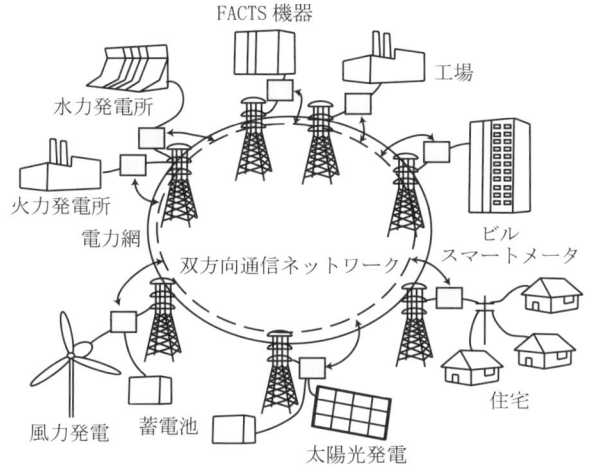

図 6.10 スマートグリッド

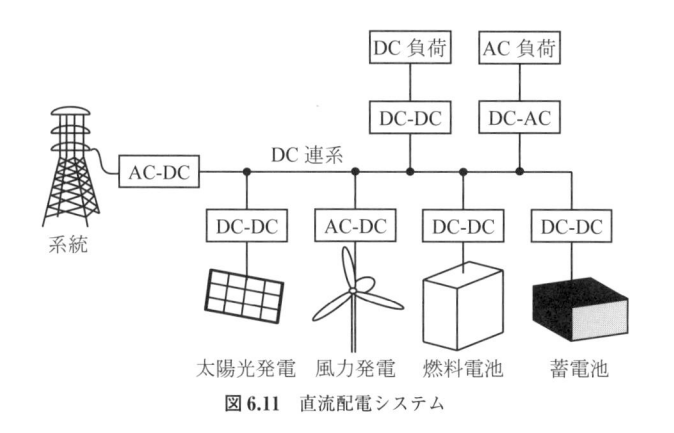

図 6.11 直流配電システム

用化が期待されている．

最近では図 6.11 に示すような**直流配電システム**も注目されている．分散型電源と負荷は各変換装置を介して直流で配電される．分散型電源の余剰電力は蓄電池の充電や系統側へ**逆潮流**される．太陽光発電を例にとると，一般的な太陽光発電システムでは DC–DC 変換装置と DC–AC 変換装置を用いて交流系統に連系している．しかし，蓄電池は直流で電力を扱うばかりか，エアコンなど多くの負荷が AC–DC 変換後に所望の電力に変換している．このような背景か

ら，発電した直流電力を直流電力のまま負荷側で利用する配電システムが開発されつつある．

演習問題

6.1 図6.12に示すように，降圧形チョッパによって直流直巻電動機を運転している．ただし，L_fは界磁巻線であり，回路損失は無視するものとする．
(1) 同じ回路要素を用いて回生制動を行わせるための結線を示せ．
(2) 回生制動運転におけるe_aの平均値E_aと電源電圧E_dの関係を求めよ．

6.2 図6.13に示す直流機ドライブ方式の動作可能領域を，図6.3に従って示せ．

6.3（平成5年電検1種） 他励直流電動機があり，図6.14のようにチョッパ回路を介して直流電源に接続されている．**チョッパ率**（自己消弧素子のオン時間のオンオフ繰り返し周期に対する比）が0.6，電動機電流が100 Aであるとき，次の問に答えよ．ただし，自己消弧素子およびダイオードの順電圧降下は2 V，ブラシの電圧降下は片側1 V，電動機の電機子巻線抵抗は0.12 Ω，電動機に流れる電流は十分平滑であり，かつ平滑リアクトルの抵抗分は無視するものとする．
(1) 自己消弧素子がオンのときのチョッパ出力電圧v_cを求めよ．
(2) 自己消弧素子がオフの

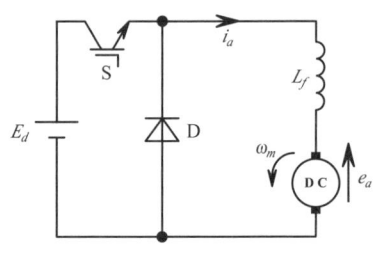

図6.12 力行時の結線

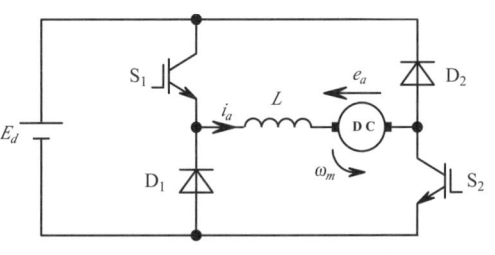

図6.13 直流電動機ドライブの一方式

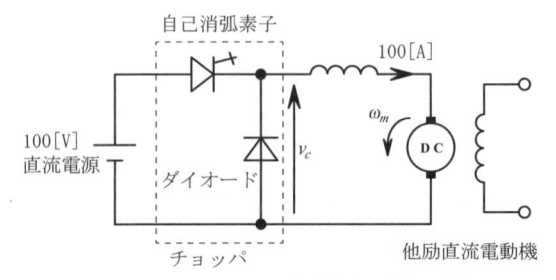

図6.14 チョッパによる他励直流電動機の駆動

ときのチョッパ出力電圧 v_C を求めよ.
(3) チョッパ出力電圧 v_C の平均値を求めよ.
(4) チョッパの損失を求めよ.
(5) この運転状態における直流電動機の出力を求めよ.

6.4（平成元年電験1種） 定格出力 37 kW, 定格電圧 200 V, 定格周波数 50 Hz, 極数 4, 定格出力時のすべり 3% の三相かご形誘導電動機を可変電圧可変周波数のインバータで変速して遠心型ポンプを駆動している. 遠心型ポンプの定格流量時の回転速度および軸出力は, それぞれ 1,450 rpm および 30 kW である. ポンプの流量を定格流量の 70% に減少させるためのインバータの出力周波数を求めよ. ただしインバータは V/f 一定制御を行い, 電動機のトルクはすべり周波数に比例するものとする.

6.5（平成19年電験1種） 次の文章は, 汎用インバータの制御回路構成に関する記述である. 文中の [   ] に当てはまる語句を解答群から選び, その記号を示せ.

図 6.15 は, 三相かご形誘導電動機を2レベル三相ブリッジ形のインバータによって速度制御する場合の制御回路構成例である.

信号 A は周波数基準信号である. ブロック B の内部では, 周波数基準信号にほぼ比例し, また出力電圧の振幅に比例した大きさの信号 C と, 出力周波数と同一周波数, かつ一定振幅で位相差がそれぞれ 120° ずつずれた三相の正弦波信号群 D を発生させ, それらの積で3つの [(1)] となる信号群 E を生成する. この信号群 E を三角波などの [(2)] 信号 F と3つの比較器 G で比較して, インバータの主回路を構成するパワーデバイス IGBT などの [(3)] を決める信号群 H を発生する. この部分は [(4)] 制御と呼ばれる.

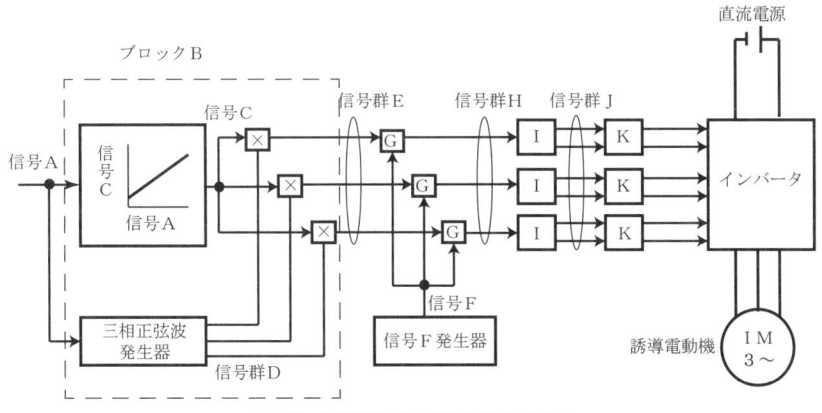

図 6.15 誘導電動機の速度制御回路構成

さらに，インバータ主回路の上下アームのパワーデバイスが短絡しないようにブロック I でデッドタイム処理を行い，パワーデバイスを駆動するためのゲートドライブ回路 K に 6 つのオン・オフ信号群 J を供給する．

このような速度制御方式を誘導電動機の［(5)］制御と呼ぶ．

【解答群】（イ）ベクトル，（ロ）キャリア，（ハ）位相，（ニ）スイッチングのタイミング，（ホ）電流基準，（ヘ）V/f 一定，（ト）トルク基準，（チ）基本波，（リ）オン電圧，（ヌ）すべり周波数，（ル）PWM，（ヲ）高調波，（ワ）電圧フィードバック，（カ）電圧基準，（ヨ）振幅

解 答

6.1
(1) 電機子電流を電源に逆らって流すように界磁回路の接続を変更すればよいので，図 6.16 のようになる．
(2) 回生制動運転時では，直流機は発電機として動作するので，
$$E_d = \frac{1}{1-D} E_a$$

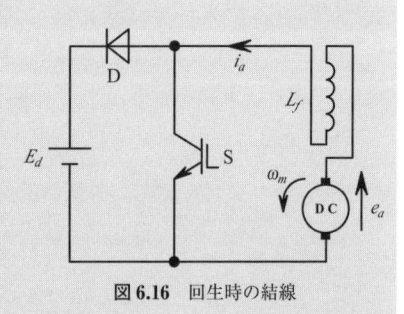

図 6.16 回生時の結線

6.2 例として，S_2 がオンの状態で S_1 をオンオフ制御，S_1 がオフの状態で S_2 をオンオフ制御したときの動作を考えればよい．I と IV．

6.3 チョッパ率は，本書ではデューティ比に相当する．また，自己消弧素子やブラシの電圧降下を考慮しなければならないので，
(1) 98 V，(2) −2 V，(3) 58 V，(4) 200 W，(5) 4,400 W．

6.4 遠心力ポンプの流量は回転速度に比例し，必要なトルクは回転速度の二乗に比例する．さらに，トルクがすべり周波数に比例するという条件を用いることにより，以下のように求まる．
$$f_2 = \frac{N_2 \times P}{120} + \frac{T_2}{T_1} s_1 f_1 = \frac{1015}{30} + \frac{96.81}{242.83} \times 0.03 \times 50 = 34.43 \text{ [Hz]}$$

6.5 (1)−(カ)，(2)−(ロ)，(3)−(ニ)，(4)−(ル)，(5)−(ヘ)

Tea Time

パワーエレクトロニクスとメカトロニクス

　パワーエレクトロニクスとは，パワー（power）とエレクトロニクス（electronics）を組み合わせた造語である．ニュール（W. Newell）によって最初に提唱されたもので，現在では電力用半導体を用いて電力の変換および制御を行う学問分野を指す語句として広く定着している．これと似たような言葉としてメカトロニクスがある．メカニクス（mechanics）とエレクトロニクス（electronics）を組み合わせた「電子化された機械装置」の意味で，1966年に安川電機の技術者だった森 徹郎によって提案された和製英語であり，1972年に安川電機の商標として登録された．その後，この言葉は広く広まり，近年は外国でも通じるようになったため安川電機が商標権を放棄し，一般名称として使われている．

7 付録

付録1：数式を使いこなすために

【例題 7.1】 図 7.1 に示す方形波電圧 v をフーリエ級数に展開せよ．また，v の平均値，実効値および THD（総合ひずみ率）を求めよ．

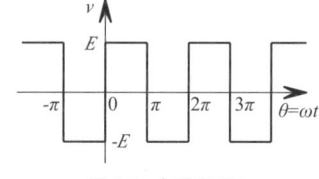

図 7.1 方形波電圧

【解答】 図 7.1 に示すような周期関数は，$\theta = \omega t$ としたとき，一般に

$$v = \frac{a_0}{2} + \sum_{n=1}^{\infty}(a_n \cos n\theta + b_n \sin n\theta) \tag{7.1}$$

の形式のフーリエ級数に展開できる．ただし，n は高調波次数，$a_0/2$ は直流分を意味し，a_0, a_n, b_n は

$$a_0 = \frac{1}{\pi}\int_0^{2\pi} v\,d\theta, \quad a_n = \frac{1}{\pi}\int_0^{2\pi} v\cos n\theta\,d\theta, \quad b_n = \frac{1}{\pi}\int_0^{2\pi} v\sin n\theta\,d\theta$$

で与えられる．なお，周期関数が偶関数あるいは奇関数のときは次の半区間展開が便利である．

偶関数のとき $\quad a_n = \dfrac{2}{\pi}\int_0^{\pi} v\cos n\theta\,d\theta, \quad b_n = 0$

奇関数のとき $\quad a_n = 0, \quad b_n = \dfrac{2}{\pi}\int_0^{\pi} v\sin n\theta\,d\theta$

図 7.1 の電圧は奇関数であるので，半区間展開を用いると

$$b_n = \frac{2}{\pi}\int_0^{\pi} v\sin n\theta\,d\theta = \frac{2}{\pi}\int_0^{\pi} E\sin n\theta\,d\theta = \frac{2E}{n\pi}(1-\cos n\pi) \tag{7.2}$$

となり，v は

$$v = \frac{4E}{\pi}\left(\sin\theta + \frac{1}{3}\sin 3\theta + \frac{1}{5}\sin 5\theta + \cdots\right) \tag{7.3}$$

のように展開される．

交流の平均値は正の半サイクルの平均で与えられるので，v の平均値 V_{ave} は

$$V_{\text{ave}} = \frac{1}{\pi} \int_0^\pi v d\theta = \frac{1}{\pi} \int_0^\pi E d\theta = E \tag{7.4}$$

と計算される．また，**実効値**は RMS 値（root-mean-square value）を計算すればよいので，v の実効値 V_{rms} は

$$V_{rms} = \sqrt{\frac{1}{2\pi} \int_0^{2\pi} v^2 d\theta} = \sqrt{\frac{1}{2\pi} \left[\int_0^\pi E^2 d\theta + \int_\pi^{2\pi} (-E)^2 d\theta \right]} = E \tag{7.5}$$

となる．一方，総合ひずみ率あるいは **THD**（total harmonic distortion）は，v の n 次高調波の実効値を V_n としたとき

$$THD = \frac{\sqrt{V_2^2 + V_3^2 + \cdots}}{V_1} \tag{7.6}$$

で定義される．ただし，V_1 は基本波の実効値，分子は全高調波の実効値の二乗平均である．したがって，

$$V_{rms} = \sqrt{V_1^2 + V_2^2 + V_3^2 + \cdots} \tag{7.7}$$

であることを考慮すると，図 7.1 の電圧の THD は

$$THD = \frac{\sqrt{V_{rms}^2 - V_1^2}}{V_1} = \frac{\sqrt{E^2 - \left(\frac{4E}{\pi}\frac{1}{\sqrt{2}}\right)^2}}{\frac{4E}{\pi}\frac{1}{\sqrt{2}}} \cong 0.48 \tag{7.8}$$

となる．

【**例題 7.2**】 図 7.2 は共振スイッチコンバータやサイリスタの転流回路でよく現れる共振回路である．$t=0$ でスイッチ S を閉じたときの e_r，i_r を求めよ．ただし，コンデンサ C_r の初期電圧は図の極性で E（$E_d > E$）とする．

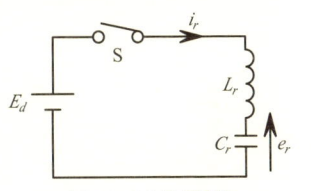

図 7.2 LC 共振回路

【**解答**】 スイッチ S がオンされたときの電圧方程式は

$$L_r \frac{di_r}{dt} + \frac{1}{C_r} \int i_r dt = E_d \tag{7.9}$$

である．コンデンサの電荷 q について

$$q = \int i_r dt \quad \text{および} \quad \frac{di_r}{dt} = \frac{d^2 q}{dt^2}$$

が成り立つので，式（7.9）は次式のようになる．

$$L_r \frac{d^2 q}{dt^2} + \frac{q}{C_r} = E_d \tag{7.10}$$

初期条件が $q(0) = C_r E$，$i_r(0) = 0$ であることを考慮して式（7.10）を解くと

を得る．したがって e_r, i_r は

$$e_r = \frac{q}{C_r} = E_d(1-\cos\omega_o t) + E\cos\omega_o t \tag{7.12}$$

$$i_r = \frac{dq}{dt} = \sqrt{\frac{C_r}{L_r}}(E_d-E)\sin\omega_o t = \frac{E_d-E}{Z_o}\sin\omega_o t \tag{7.13}$$

$$q = C_r E_d(1-\cos\omega_o t) + C_r E\cos\omega_o t \tag{7.11}$$

となる．ただし，共振角周波数 ω_o，特性インピーダンス Z_o は，それぞれ

$$\omega_o = \frac{1}{\sqrt{L_r C_r}}, \quad Z_o = \sqrt{\frac{L_r}{C_r}} \tag{7.14}$$

である．一般に e_r, i_r のピーク値は相当高くなり，半導体スイッチを用いた場合には電圧ストレスおよび電流ストレスが大きくなることに注意しなければならない．

【例題 7.3】 図 7.3 に示すように，バックコンバータの電源側に L_o，C_o からなる低域通過フィルタを接続した．電流 i_d，i_s の n 次高調波成分の実効値をそれぞれ I_{dn}，I_{sn} としたとき，I_{dn}/I_{sn} を求めよ．ただし，スイッチ S のスイッチング周波数 f_s はフィルタ共振周波数 f_o の 3 倍とする．

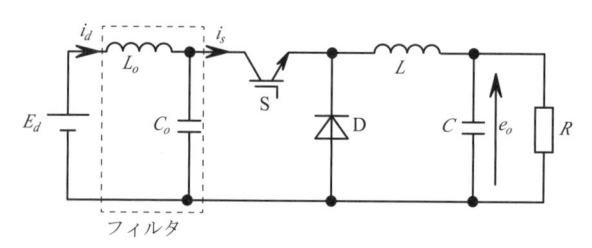

図 7.3 バックコンバータの入力フィルタ

【解答】 i_s は直流分と高調波の和からなる．したがって，これらを並列接続された別々の電流源として考えれば重ね合わせの原理が適用できる．いま，周波数 nf_s の n 次高調波電流を i_{sn} とし，電源として i_{sn} だけを考えると，他の電流源は開放，電圧源 E_d は短絡すればよい．したがって，i_{sn} はインピーダンスの逆比に比例して L_o と C_o に分流するので

$$\frac{I_{dn}}{I_{sn}} = \left| \frac{\frac{1}{jn\omega_s C_o}}{jn\omega_s L_o + \frac{1}{jn\omega_s C_o}} \right| \tag{7.15}$$

の関係が得られる．ただし $j=\sqrt{-1}$，$\omega_s = 2\pi f_s$ である．フィルタの共振周波数が

$$f_o = \frac{1}{2\pi\sqrt{L_o C_o}} \quad かつ \quad \frac{f_s}{f_o} = 3 \tag{7.16}$$

であることを考慮すると，式（7.15）は

$$\frac{I_{dn}}{I_{sn}} = \frac{1}{\left|1 - \left(\frac{nf_s}{f_o}\right)^2\right|} = \frac{1}{(3n)^2 - 1} \tag{7.17}$$

となる．式（7.17）は，S のスイッチングで生じる高調波電流がフィルタによって減衰することを表している．

【例題 7.4】 DC-DC コンバータなどに PWM を適用したときには，電力用半導体スイッチのオン，オフに伴って不連続な動作が繰り返されるために，厳密な解析解を導くことは一般に複雑である．そこで**状態空間平均化法**と呼ばれる近似解析法が用いられる．この状態空間平均化法について説明せよ．

【解答】 状態空間平均化法（state-space averaging method）は，1 スイッチング周期における電圧および電流の平均値を変数として取り扱う近似解析法であり，DC-DC コンバータの解析手法として広く用いられている．状態空間平均化法が適用できる条件は，回路の固有周波数がスイッチング周波数より十分低いことである．通常，DC-DC コンバータには低域通過フィルタが用いられるので，この条件は一般には問題にならない．ただし，状態空間平均化法では DC-DC コンバータの設計に必要なリアクトル電流のピークリプルや出力電圧の脈動などスイッチング成分に関する情報を得ることはできない．このような情報を得るためには，別に厳密なシミュレーションを行わなければならない．ここでは，2.2～2.4 節で説明した DC-DC コンバータを例にとり，状態空間平均化法について説明する．

スイッチ S がオンあるいはオフしたときの回路方程式は，キルヒホッフの法則から

$$\dot{x} = Ax + bu \tag{7.18}$$

の形式の 1 階線形微分方程式で表される．これは**状態方程式**（state equation）と呼ばれ，x は状態ベクトル，A は状態係数行列，b は入力係数ベクトル，u は入力を表し，

$$\dot{x} = \frac{dx}{dt} \tag{7.19}$$

である．x の要素は**状態変数**（state variable）と呼ばれ，その選び方は一意的ではないが，回路の初期条件がリアクトルに流れる電流およびコンデンサの端子電圧を用いて表されることを考慮すると，状態変数としてリアクトル電流とコンデンサ電圧を使うと都合がよい．なお，状態空間平均化法を用いた定常解析では式（7.18）を直接解く必要がないので，状態方程式の解法については線形制御理論のテキストに譲るものとする．

いま簡単のため DC-DC コンバータが電流連続モードで動作し，スイッチ S がオン，オフのときの状態方程式が，それぞれ

[オンのとき]　　　　　　　$\dot{x} = A_1 x + b_1 u$ 　　　　　　　(7.20)
[オフのとき]　　　　　　　$\dot{x} = A_2 x + b_2 u$ 　　　　　　　(7.21)

で表されると仮定する．ここで正の整数 k に対して，$kT \leq t \leq kT+T$ の1周期を考えると，S がオンおよびオフの状態における状態ベクトルの時間微分は近似的に

$$\dot{x}(kT) = \frac{x(kT+DT) - x(kT)}{DT} \quad (7.22)$$

$$\dot{x}(kT+DT) = \frac{x(kT+T) - x(kT+DT)}{(1-D)T} \quad (7.23)$$

と表される．ただし $\dot{x}(kT)$, $\dot{x}(kT+DT)$ は，それぞれ S がオンのときの $t=kT$ およびオフのときの $t=(k+D)T$ における状態ベクトルの時間微分を示し，D はデューティ比である．一般に x, u は時間の関数であるが，ここでは簡単のため入力 u を一定と仮定し，式 (7.22), (7.23) を式 (7.20) および (7.21) に適用すると，S がオンおよびオフの状態における離散化された状態方程式は

$$x(kT+DT) = x(kT) + DT[A_1 x(kT) + b_1 u] \quad (7.24)$$
$$x(kT+T) = x(kT+DT) + (1-D)T[A_2 x(kT+DT) + b_2 u] \quad (7.25)$$

となる．したがって，スイッチング周波数が十分高いときには周期 T に関する2次の微小項は無視できるので

$$\frac{x(kT+T) - x(kT)}{T} = [DA_1 + (1-D)A_2]x(kT) + [Db_1 + (1-D)b_2]u \quad (7.26)$$

の関係が得られる．式 (7.26) の左辺は，1スイッチング周期で考えた $\dot{x}(kT)$ に近似的に等しいので

$$\dot{x}(kT) = [DA_1 + (1-D)A_2]x(kT) + [Db_1 + (1-D)b_2]u \quad (7.27)$$

となり，逆にこれを連続化すると

$$\dot{x} = [DA_1 + (1-D)A_2]x + [Db_1 + (1-D)b_2]u \quad (7.28)$$

で表される状態空間平均化方程式が得られる．式 (7.28) を改めて式 (7.18) の形式で表現すると，A および b は

$$A = DA_1 + (1-D)A_2 \quad (7.29)$$
$$b = Db_1 + (1-D)b_2 \quad (7.30)$$

となる．ただしデューティ比 D をフィードバック制御しているときには，D は x の要素である出力電圧の関数なので，得られた状態空間平均化方程式は非線形であることに注意しなければならない．

なお，状態空間平均化は電流不連続モード動作の場合にも適用可能である．バックコンバータを例にあげると，図 2.6 に示したように $t=T_{on}$ からリアクトル電流が 0 になるまでの時間が $D_d T$ であるとし，リアクトル電流が 0 のときの状態係数行列および入力係数ベクトルをそれぞれ A_3, b_3 とすると，この期間が $(1-D-D_d)T$ であるから，A および b は

$$A = DA_1 + D_d A_2 + (1-D-D_d)A_3 \quad (7.31)$$

$$\boldsymbol{b} = D\boldsymbol{b}_1 + D_o\boldsymbol{b}_2 + (1 - D - D_d)\boldsymbol{b}_3 \tag{7.32}$$

となる．定常状態では，リアクトル電流およびコンデンサ電圧の平均値は変化しないと考えることができるので，状態ベクトルの時間微分 $\dot{\boldsymbol{x}}$ を

$$\dot{\boldsymbol{x}} = \boldsymbol{0} \tag{7.33}$$

として方程式を解けば，リアクトル電流およびコンデンサ電圧を求めることができる．一般に，コンバータが複雑になるほど厳密な解析は困難になり，このような場合には，煩雑な計算を必要としない状態空間平均化法が有用である．

【例題 7.5】 図 7.4 に示したバックコンバータに状態空間平均化法を適用して入出力の関係を導出せよ．ただしリアクトル L の抵抗を r とし，電流連続モードで動作しているものとする．

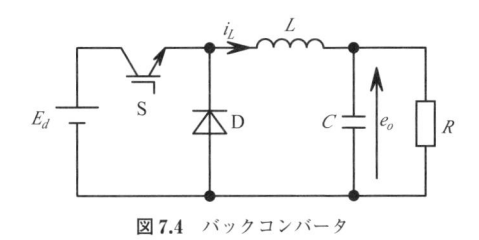

図 7.4 バックコンバータ

【解答】 スイッチ S がオンのときは，キルヒホッフの法則から

$$\frac{di_L}{dt} = -\frac{r}{L} i_L - \frac{1}{L} e_o + \frac{1}{L} E_d \tag{7.34}$$

$$\frac{de_o}{dt} = \frac{1}{C} i_L - \frac{1}{CR} e_o \tag{7.35}$$

が得られる．一方，S がオフのときには電源が切り離されるので

$$\frac{di_L}{dt} = -\frac{r}{L} i_L - \frac{1}{L} e_o \tag{7.36}$$

$$\frac{de_o}{dt} = \frac{1}{C} i_L - \frac{1}{CR} e_o \tag{7.37}$$

となる．状態ベクトル $\boldsymbol{x}$ および入力 u を

$$\boldsymbol{x} = \begin{bmatrix} i_L \\ e_o \end{bmatrix}, \quad u = E_d \tag{7.38}$$

として，式 (7.20) および式 (7.21) の形式で表現すれば

$$\boldsymbol{A}_1 = \begin{bmatrix} -\dfrac{r}{L} & -\dfrac{1}{L} \\ \dfrac{1}{C} & -\dfrac{1}{CR} \end{bmatrix}, \quad \boldsymbol{b}_1 = \begin{bmatrix} \dfrac{1}{L} \\ 0 \end{bmatrix} \tag{7.39}$$

$$A_2 = \begin{bmatrix} -\dfrac{r}{L} & -\dfrac{1}{L} \\ \dfrac{1}{C} & -\dfrac{1}{CR} \end{bmatrix}, \quad b_2 = \begin{bmatrix} 0 \\ 0 \end{bmatrix} \tag{7.40}$$

である．ここで状態空間平均化法を適用すると，A, b は式 (7.29), (7.30) より

$$A = DA_1 + (1-D)A_2 = \begin{bmatrix} -\dfrac{r}{L} & -\dfrac{1}{L} \\ \dfrac{1}{C} & -\dfrac{1}{CR} \end{bmatrix} \tag{7.41}$$

$$b = Db_1 + (1-D)b_2 = \begin{bmatrix} \dfrac{D}{L} \\ 0 \end{bmatrix} \tag{7.42}$$

となる．定常状態では式 (7.33) の関係が成立するので，i_L, e_o を一定値 I_L, E_o に置き換えると

$$\begin{bmatrix} -\dfrac{r}{L} & -\dfrac{1}{L} \\ \dfrac{1}{C} & -\dfrac{1}{CR} \end{bmatrix} \begin{bmatrix} I_L \\ E_o \end{bmatrix} + \begin{bmatrix} \dfrac{D}{L} \\ 0 \end{bmatrix} E_d = \mathbf{0} \tag{7.43}$$

が導かれる．すなわち，

$$E_o = DE_d - rI_L, \quad I_L = \dfrac{E_o}{R} \tag{7.44}$$

となり，出力電圧 E_o は DE_d から抵抗による電圧降下 rI_L を差し引いた値で与えられることがわかる．なお，$r=0$ の場合は式 (2.20) と一致する．

付録2：パワーエレクトロニクスの理解を深めるために

　パワーエレクトロニクス回路に適した計算機シミュレータの1つとして PSIM（Powersim 社）がある．PSIM は，電力用半導体素子や電力用機器をモデル化した，回路図ベースのシミュレーションソフトウェアである．PSIM は，主回路や制御回路を入力する SIMCAD と，計算結果の表示および解析を行う SIMVIEW の2つから構成されており，容易にパワーエレクトロニクス回路を作成し，動作確認ができる．

　素子数や表示データ数に制限のある PSIM デモ版は，国内販売代理店である Myway プラス社のホームページ（http://www.myway.co.jp）よりダウンロードできる．本書で取り扱う回路はデモ版でほぼ作成可能であり，シミュレーションにより回路の時間応答などを確認できる．

　本書で説明したパワーエレクトロニクス基本回路を PSIM で動作確認するためのファイルは朝倉書店のホームページ（http://www.asakura.co.jp）よりダウンロードできる．

【PSIM の使用方法】

[Step 1　SIMCAD に回路を作成]
　主回路，制御回路およびセンサのブロックを SIMCAD 上に配置する．回路部品のパラメータやセンサの名称などを SIMCAD 上で設定する．

[Step 2　シミュレーションの条件設定]
　シミュレーションの実行時間や計算の刻みなどを "Simulation Control" に設定する．シミュレーションの確かさを決定する項目でもあるので，適切に設定する必要がある．また，デモ版ではデータ総数が 6,000 個までである点に注意してほしい．

[Step 3　シミュレーションの実行と解析]
　これまでにすべての設定を終えたら，シミュレーションを実行する．実行終了後に SIMVIEW が立ち上がる．波形表示させたい箇所の信号名を選択することで，波形を確認できる．なお，Step2 までに設定・接続不良があると，実行が開始されないので不良点を解消しておく必要がある．

　ホームページで用意している PSIM ファイルでは，上記の使用方法のうち，あらかじめ Step 1 の回路作成および Step 2 の設定がなされている．パワーエレクトロニクス回路の理解に役立ててほしい．

索　引

欧数字

4象限運転　91, 115
120°導通方式　71
180°導通形　67

ACスイッチ　103
BTB　121
Cukコンバータ　35
DC-DCコンバータ　20
FACTS　121
GCTサイリスタ　14
GTOサイリスタ　12
IGBT　5
IPM　15
MOSFET　4
PFM　21
pn接合　1
PWM　20, 21
PWMコンバータ　95
PWM制御　58
RMS値　129
Sepic　35
THD　129
ZCS　38
ZCS共振スイッチコンバータ　38
Zetaコンバータ　35
ZVS　38
ZVS共振スイッチコンバータ　42

ア　行

安全動作領域　8

位相制御　86
位相制御回路　86
一般整流用　1

インバータ　51

埋込磁石同期電動機　120

永久磁石同期電動機　119

遅れ時間　6

カ　行

回生状態　57
回生制動　115
下降時間　7
重なり期間　94
簡易等価回路　117
還流状態　57, 69
環流ダイオード　23

帰還ダイオード　52
逆回復時間　3
逆降伏電圧　2
逆阻止IGBT　107
逆潮流　123
逆並列接続順逆変換装置　91
共振回路　40
共振スイッチコンバータ　38
空乏層　3
グレッツ結線　88

降圧形コンバータ　23
高速スイッチング用　2
コンデンサインプット整流回路　84

サ　行

サイリスタ　9
三相PWMコンバータ　96

三相インバータ 67
三相全波位相制御回路 88
三相全波整流回路 84
三相電力調整回路 105

実効値 129
周波数変換所 121
昇圧形コンバータ 27
昇降圧形コンバータ 31
状態空間平均化法 131
状態変数 131
状態方程式 131

スイッチモードコンバータ 21
スナバ回路 17
スマートグリッド 122
スマートメータ 122

正弦波PWM 60
静止レオナード方式 114
整流装置-インバータシステム 106

総合ひずみ率 129
双対 63
双対性 37
ソフトスイッチング 18, 38

タ 行

ダイオード 1
立ち上がり時間 6
他励インバータ 90
ターンオフ時間 7
ターンオン時間 6
単相PWMコンバータ 95
単相インバータ 52
単相交流電力調整回路 103
単相混合ブリッジ回路 87
単相全波位相制御回路 86
単相全波整流回路 79

蓄積時間 6
チャンネル 5
中性点クランプ方式 62
チョークインプット整流回路 82
直流機ドライブ方式 114
直流直巻電動機 114
直流電動機 114
直流配電システム 123
チョッパ 20
チョッパ方式 114
チョッパ率 124

テイル時間 14
デッドタイム 54
デューティ比 20
電圧形インバータ 52
電荷蓄積型トレンチゲートバイポーラトランジスタ 9
点弧遅れ角 86
点弧角 86
電流形インバータ 62

トライアック 103
トレンチゲート構造 8

ナ 行

二重重なり期間 95

ハ 行

バックコンバータ 23
バックブーストコンバータ 31
パルス周波数変調 21
パルス幅変調 20, 21
パワートランジスタ 3
搬送波 58

光直接点弧サイリスタ 12
ピーク繰り返し逆電圧 2
ピーク非繰り返し逆電圧 2
ピークリプル 24, 26, 29

表面磁石同期電動機　120

ブーストコンバータ　27
不連続モード動作　26

平滑リアクトル　81
平均リアクタンス電圧降下　95
ベクトル制御　117
ベベル構造　2
変調率　60

保持電流　10

マ　行

マトリックスコンバータ　106

ヤ　行

誘導電動機　117

ラ　行

力行状態　57

零電圧スイッチング　38
零電流スイッチング　38
レグ　52
連続モード動作　26

著者略歴

小山　純
- 1942 年　熊本県に生まれる
- 1969 年　九州大学大学院工学研究科
　　　　　電気工学専攻博士課程修了
- 現　在　長崎大学名誉教授
　　　　　工学博士

伊藤良三
- 1947 年　大分県に生まれる
- 1975 年　九州大学大学院工学研究科
　　　　　電気工学専攻博士課程単位取
　　　　　得退学
- 現　在　福岡大学工学部電気工学科
　　　　　教授・工学博士

花本剛士
- 1961 年　山口県に生まれる
- 1986 年　九州工業大学大学院工学研
　　　　　究科 電気工学専攻修士課程
　　　　　修了
- 現　在　九州工業大学大学院生命体
　　　　　工学研究科
　　　　　教授・博士（工学）

山田洋明
- 1979 年　広島県に生まれる
- 2007 年　山口大学大学院理工学研究科
　　　　　システム工学専攻博士後期課
　　　　　程修了
- 現　在　九州工業大学大学院生命体工
　　　　　学研究科
　　　　　助教・博士（工学）

最新 パワーエレクトロニクス入門　　定価はカバーに表示

2012 年 2 月 15 日　　初版第 1 刷
2015 年 1 月 15 日　　　　第 3 刷

　　　　　著　者　小　山　　　純
　　　　　　　　　伊　藤　良　三
　　　　　　　　　花　本　剛　士
　　　　　　　　　山　田　洋　明
　　　　　発行者　朝　倉　邦　造
　　　　　発行所　株式会社　朝　倉　書　店
　　　　　　　　　東京都新宿区新小川町 6-29
　　　　　　　　　郵便番号　１６２-８７０７
　　　　　　　　　電　話　03(3260)0141
　　　　　　　　　ＦＡＸ　03(3260)0180
　　　　　　　　　http://www.asakura.co.jp

〈検印省略〉

© 2012〈無断複写・転載を禁ず〉　　シナノ印刷・渡辺製本

ISBN 978-4-254-22039-1　　C 3054　　　　Printed in Japan

JCOPY ＜(社)出版者著作権管理機構　委託出版物＞

本書の無断複写は著作権法上での例外を除き禁じられています．複写される場合は，そのつど事前に，(社)出版者著作権管理機構（電話 03-3513-6969，FAX 03-3513-6979，e-mail: info@jcopy.or.jp）の許諾を得てください．

◆ 電気電子工学シリーズ〈全17巻〉 ◆

JABEEにも配慮し，基礎からていねいに解説した教科書シリーズ

九大 岡田龍雄・九大 船木和夫著
電気電子工学シリーズ1
電 磁 気 学
22896-0 C3354　　　　A5判 192頁 本体2800円

学部初学年の学生のためにわかりやすく，ていねいに解説した教科書。静電気のクーロンの法則から始めて定常電流界，定常電流が作る磁界，電磁誘導の法則を記述し，その集大成としてマクスウェルの方程式へとたどり着く構成とした

九大 香田 徹・九大 吉田啓二著
電気電子工学シリーズ2
電 気 回 路
22897-7 C3354　　　　A5判 264頁 本体3200円

電気・電子系の学科で必須の電気回路を，初学年生のためにわかりやすく丁寧に解説。〔内容〕回路の変数と回路の法則／正弦波と複素数／交流回路と計算法／直列回路と共振回路／回路に関する諸定理／能動2ポート回路／3相交流回路／他

九大 都甲 潔著
電気電子工学シリーズ4
電 子 物 性
22899-1 C3354　　　　A5判 164頁 本体2800円

電子物性の基礎から応用までを具体的に理解できるよう，わかりやすくていねいに解説した。〔内容〕量子力学の完成前夜／量子力学／統計力学／電気抵抗はなぜ生じるのか／金属・半導体・絶縁体／金属の強磁性／誘電体／格子振動／光物性

九大 宮尾正信・九大 佐道泰造著
電気電子工学シリーズ5
電子デバイス工学
22900-4 C3354　　　　A5判 120頁 本体2400円

集積回路の中心となるトランジスタの動作原理に焦点をあてて，やさしく，ていねいに解説した。〔内容〕半導体の特徴とエネルギーバンド構造／半導体のキャリヤと電気伝導／バイポーラトランジスタ／MOS型電界効果トランジスタ／他

九大 浅野種正著
電気電子工学シリーズ7
集 積 回 路 工 学
22902-8 C3354　　　　A5判 176頁 本体2800円

問題を豊富に収録し丁寧にやさしく解説〔内容〕集積回路とトランジスタ／半導体の性質とダイオード／MOSFETの動作原理・モデリング／CMOSの製造プロセス／ディジタル論理回路／アナログ集積回路／アナログ・ディジタル変換／他

大分大 肥川宏臣著
電気電子工学シリーズ9
ディジタル電子回路
22904-2 C3354　　　　A5判 180頁 本体2900円

ディジタル回路の基礎からHDLも含めた設計方法まで，わかりやすくていねいに解説した。〔内容〕論理関数の簡単化／VHDLの基礎／組合せ論理回路／フリップフロップとレジスタ／順序回路／ディジタル-アナログ変換／他

前長崎大 小山 純・長崎大 樋口 剛著
電気電子工学シリーズ12
エネルギー変換工学
22907-3 C3354　　　　A5判 196頁 本体2900円

電気エネルギーは，クリーンで，比較的容易にしかも効率よく発生，輸送，制御できる。本書は，その基礎から応用までをわかりやすく解説した教科書。〔内容〕エネルギー変換概説／変圧器／直流機／同期機／誘導機／ドライブシステム

福岡大 西嶋喜代人・九大 末廣純也著
電気電子工学シリーズ13
電気エネルギー工学概論
22908-0 C3354　　　　A5判 196頁 本体2900円

学部学生のために，電気エネルギーについて主に発生，輸送と貯蔵の観点からわかりやすく解説した教科書。〔内容〕エネルギーと地球環境／従来の発電方式／新しい発電方式／電気エネルギーの輸送と貯蔵／付録：慣用単位の相互換算など

九大 椛川一弘・九大 金谷晴一著
電気電子工学シリーズ17
ベクトル解析とフーリエ解析
22912-7 C3354　　　　A5判 180頁 本体2900円

電気・電子・情報系の学科で必須の数学を，初学年生のためにわかりやすく，ていねいに解説した教科書。〔内容〕ベクトル解析の基礎／スカラー場とベクトル場の微分・積分／座標変換／フーリエ級数／複素フーリエ級数／フーリエ変換

◈ 電気・電子工学基礎シリーズ〈全21巻〉 ◈
大学学部および高専の電気・電子系の学生向けに平易に解説した教科書

東北大 松木英敏・東北大 一ノ倉理著
電気・電子工学基礎シリーズ2
電磁エネルギー変換工学
22872-4 C3354　　A5判 180頁 本体2900円

電磁エネルギー変換の基礎理論と変換機器を扱う上での基礎知識および代表的な回転機の動作特性と速度制御法の基礎について解説。〔内容〕序章／電磁エネルギー変換の基礎／磁気エネルギーとエネルギー変換／変圧器／直流機／同期機／誘導機

東北大 安藤　晃・東北大 犬竹正明著
電気・電子工学基礎シリーズ5
高電圧工学
22875-5 C3354　　A5判 192頁 本体2800円

広範な工業生産分野への応用にとっての基礎となる知識と技術を解説。〔内容〕気体の性質と荷電粒子の基礎過程／気体・液体・固体中の放電現象と絶縁破壊／パルス放電と雷現象／高電圧の発生と計測／高電圧機器と安全対策／高電圧・放電応用

日大 阿部健一・東北大 吉澤　誠著
電気・電子工学基礎シリーズ6
システム制御工学
22876-2 C3354　　A5判 164頁 本体2800円

線形系の状態空間表現、ディジタルや非線形制御系および確率システムの制御の基礎知識を解説。〔内容〕線形システムの表現／線形システムの解析／状態空間法によるフィードバック系の設計／ディジタル制御／非線形システム／確率システム

東北大 安達文幸著
電気・電子工学基礎シリーズ8
通信システム工学
22878-6 C3354　　A5判 176頁 本体2800円

図を多用し平易に解説。〔内容〕構成／信号のフーリエ級数展開と変換／信号伝送とひずみ／信号対雑音電力比と雑音指数／アナログ変調（振幅変調、角度変調）／パルス振幅変調・符号変調／ディジタル変調／ディジタル伝送／多重伝送／他

東北大 伊藤弘昌編著
電気・電子工学基礎シリーズ10
フォトニクス基礎
22880-9 C3354　　A5判 224頁 本体3200円

基礎的な事項と重要な展開について、それぞれの分野の専門家が解説した入門書。〔内容〕フォトニクスの歩み／光の基本的性質／レーザの基礎／非線形光学の基礎／光導波路・光デバイスの基礎／光デバイス／光通信システム／高機能光計測

東北大 末光眞希・東北大 枝松圭一著
電気・電子工学基礎シリーズ15
量子力学基礎
22885-4 C3354　　A5判 164頁 本体2600円

量子力学成立の前史から基礎的応用まで平易解説。〔内容〕光の謎／原子構造の謎／ボーアの前期量子論／量子力学の誕生／シュレーディンガー方程式と波動関数／物理量と演算子／自由粒子の波動関数／1次元井戸型ポテンシャル中の粒子／他

東北大 中島康治著
電気・電子工学基礎シリーズ16
量子力学
―概念とベクトル・マトリクス展開―
22886-1 C3354　　A5判 200頁 本体2800円

量子力学の概念や枠組みを理解するガイドラインを簡潔に解説。〔内容〕誕生と概要／シュレーディンガー方程式と演算子／固有方程式の解と基本的性質／波動関数と状態ベクトル／演算子とマトリクス／近似的方法／量子現象と多体系／他

東北大 塩入　諭・東北大 大町真一郎著
電気・電子工学基礎シリーズ18
画像情報処理工学
22888-5 C3354　　A5判 148頁 本体2500円

人間の画像処理と視覚特性の関連および画像処理技術の基礎を解説。〔内容〕視覚の基礎／明度知覚と明暗画像処理／色覚と色画像処理／画像の周波数解析と視覚処理／画像の特徴抽出／領域処理／二値画像処理／認識／符号化と圧縮／動画像処理

東北大 田中和之・秋田大 林　正彦・東北大 海老澤丕道著
電気・電子工学基礎シリーズ21
電子情報系の応用数学
22891-5 C3354　　A5判 248頁 本体3400円

専門科目を学習するために必要となる項目の数学的定義を明確にし、例題を多く入れ、その解法を可能な限り詳細かつ平易に解説。〔内容〕フーリエ解析／複素関数／複素積分／複素関数の展開／ラプラス変換／特殊関数／2階線形偏微分方程式

京大 奥村浩士著
電　気　回　路　理　論
22049-0 C3054　　　　　A 5 判 288頁 本体4600円

ソフトウェア時代に合った本格的電気回路理論。〔内容〕基本知識／テブナンの定理等／グラフ理論／カットセット解析等／テレゲンの定理等／簡単な線形回路の応答／ラプラス変換／たたみ込み積分等／散乱行列等／状態方程式等／問題解答

工学院大 曽根　悟訳
図解 電 子 回 路 必 携
22157-2 C3055　　　　　A 5 判 232頁 本体4200円

電子回路の基本原理をテーマごとに1頁で簡潔・丁寧にまとめられたテキスト。〔内容〕直流回路／交流回路／ダイオード／接合トランジスタ／エミッタ接地増幅器／入出力インピーダンス／過渡現象／デジタル回路／演算増幅器／電源回路, 他

◆ エース電気・電子・情報工学シリーズ ◆
教育的視点を重視し，平易に解説した大学ジュニア向けシリーズ

元大阪府大 沢新之輔・摂南大 小川英一・
愛媛大 小野和雄著
エース電気・電子・情報工学シリーズ
エース 電 磁 気 学
22741-3 C3354　　　　　A 5 判 232頁 本体3400円

演習問題と詳解を備えた初学者用大好評教科書。〔内容〕電磁気学序説／真空中の静電界／導体系／誘電体／静電界の解法／電流／真空中の静磁界／磁性体と静磁界／電磁誘導／マクスウェルの方程式と電磁波／付録：ベクトル演算, 立体角

前関大 金田彌吉編著
エース電気・電子・情報工学シリーズ
エース 電 子 回 路
―アナログからディジタルまで―
22742-0 C3354　　　　　A 5 判 216頁 本体3200円

電子回路(アナログ回路とディジタル回路)に関する基礎理論や設計法を，実例を交えながらわかりやすく整理・解説。〔内容〕増幅回路／電力増幅回路／直流増幅回路／帰還増幅回路／演算増幅／電源回路／発振回路／パルス発生回路／論理回路

前東大 河野照哉著
エース電気・電子・情報工学シリーズ
エース 電 気 工 学 基 礎 論
22743-7 C3354　　　　　A 5 判 148頁 本体2600円

電気電子工学の基礎科目の中から，電気磁気学，電気回路，電気機器，放電現象(プラズマを含む)をとりあげ，電気工学の基礎となる考え方の道筋を平易に解説。〔内容〕電気と磁気の起源／電界／磁界／電気回路／電気機器／放電現象とその応用

大工大 津村俊弘・関大 前田　裕著
エース電気・電子・情報工学シリーズ
エース 制 御 工 学
22744-4 C3354　　　　　A 5 判 160頁 本体2900円

具体例と演習問題も含めたセメスター制に対応したテキスト。〔内容〕制御工学概論／制御に用いる機器(比較部, 制御部, 出力)／モデリング／連続制御系の解析と設計／離散時間系の解析と設計／自動制御の応用／付録(ラプラス変換, Z変換)

京大 引原隆士・大工大 木村紀之・理科大 千葉　明・
関大 大橋俊介著
エース電気・電子・情報工学シリーズ
エース パワーエレクトロニクス
22745-1 C3354　　　　　A 5 判 160頁 本体3000円

産業の基盤であり必要不可欠な技術であるパワエレ技術を詳細平易に説明。〔内容〕パワーエレクトロニクスの概要とスイッチング回路の基礎／電力用スイッチ素子と回路の基本動作／パワエレの回路構成と制御技術／パワエレによるモータ制御

前京大 奥村浩士著
エース電気・電子・情報工学シリーズ
エース 電 気 回 路 理 論 入 門
22746-8 C3354　　　　　A 5 判 164頁 本体2900円

高校で学んだ数学と物理の知識をもとに直流回路の理論から入り，インダクタ，キャパシタを含む回路が出てきたとき微分方程式で回路の方程式をたてることにより，従来の類書にない体系的把握ができる。また，演習問題にはその詳解を記載

関大 野村康雄・阪産大 佐藤正志・関大 前田　裕・
兵庫県大 藤井健作著
エース電気・電子・情報工学シリーズ
エース 情 報 通 信 工 学
22747-5 C3354　　　　　A 5 判 144頁 本体2800円

従来の無線・有線・変調などに加えて，ディジタル・ネットワーク時代に対応させた新しい通信工学のテキスト。〔内容〕信号解析の基礎／振幅変調方式／角度変調方式／アナログパルス変調／波形符号化／ディジタル伝送／スペクトル拡散通信

上記価格(税別)は 2014 年 12 月現在